W0267950

ISBN 978-3-540-01949-7 ISBN 978-3-642-47353-1 (eBook)
DOI 10.1007/978-3-642-47353-1

Vorwort.

Die Ausmaße der übergroßen Behälter, Leitungs- und sonstiger Schalenteile, wie sie z.B. bei Kraftwerken und Großmaschinen vorkommen, geben heute der zeichnerischen Darstellung abwickelbarer Flächen ein größeres Gewicht als früher. Außerdem sind die Aufgabenstellungen teilweise anspruchsvoller geworden: Tragflächen, Leitwerk und Rumpfschüsse eines Flugzeugs unterscheiden sich in ihrer Krümmungseigenart — auch soweit sie abwickelbar sind — wesentlich von zylindrischen und kegeligen Flächen. Diese Forderungen und Erkenntnisse haben im Verlauf der letzten 20 Jahre verschiedentlich zu Verbesserungen und Bereicherungen bisheriger Zeichenverfahren geführt, so daß es sich lohnt, ihnen nachzugehen. Die sich daraus ergebenden Vorteile kommen insbesondere der Blechbearbeitung zugute, bei allgemeinen Biegeflächen auch dem Lehren- und Attrappenbau.

Die vorliegende kurze Abhandlung wendet sich an jeden, der mit Winkel und Zirkel umgeht: an den zünftigen Konstrukteur wie an den dafür aufgeschlossenen Handwerker, vor allem an den Spengler und Modellschreiner. Im besonderen wird aber der Studierende wie auch der Fachlehrer an technischen Schulen der verschiedenen Gattungen Nutzen aus diesen Beispielen und Überlegungen ziehen.

Die Voraussetzungen dieses weiten und unterschiedlichen Leserkreises für die Aufnahme dieses kleinen Buches sind uneinheitlich. Entsprechend schwierig war daher bei der Abfassung des Stoffes eine einigermaßen gleichmäßig verständliche bzw. fesselnde Darstellung. Der erste Teil — Zylinder- und Kegelflächen — behandelt einfache und zusammengesetzte Aufgaben, wie sie alltäglich vorkommen. Hinweise auf zeitsparende oder genauigkeitsfördernde Arbeitsvorteile am Reißbrett und in der Werkstatt schaffen eine feste Verbindung zwischen Geometrie und Praxis. Gerade diese Beziehung herzustellen ist ein Hauptziel dieses Buches. Aber auch ein Fachkreis, dem diese Dinge Selbstverständlichkeiten sind, wird im Abschnitt „Allgemeine gerade Übergangsflächen“ unmittelbar nützliches Neues entdecken.

Besonderer Wert wurde auf klaren Aufbau und Zusammenschau der Aufgaben und Lösungen gelegt. Erläuterungen, die dieser Absicht entgegenstanden, sind deshalb in einem Anhang lose zusammengefaßt.

Darmstadt, im März 1955.

Hans Schmidbauer.

Inhaltsverzeichnis.

Allgemeine Flächenunterscheidung nach der Krümmung.

Nichtebene Flächen können in Biege-[1] und Wölbeflächen unterschieden oder unter der gemeinsamen Bezeichnung „gekrümmte Flächen" zusammengefaßt werden. Die einen werden durch Abwickeln eben, die andern sind nicht abwickelbar und würden bei diesem Verformungsversuch knittern oder reißen. Der Unterschied beider Flächengattungen zeigt sich besonders augenfällig und unmißverständlich bei einem Abrollversuch, wenn gekrümmte Flächen mit der Bauchseite auf einer Ebene liegend durch Anstoßen zum Schaukeln gebracht werden: Die Biegefläche berührt immer längs einer Geraden, während die Wölbefläche nur Punktberührung eingeht.

Die Gesamtheit aller beim Abrollen sich zeigenden Berührgeraden, die je nach den hervorzuhebenden Eigenschaften auch Erzeugende, Biege- oder Mantelgeraden genannt werden, beschreibt oder erzeugt den abwickelbaren Mantel. Es gibt jedoch gekrümmte Flächen, die, obwohl von Geraden erzeugt, nicht abwickelbar und daher Wölbeflächen sind. Flächen dieser Art heißen windschief oder verwunden; Beispiele dafür sind gewisse Schrauben- und Sattelflächen.

Die bekanntesten Wölbeflächen sind Kugel-, Ei-, Parabol- sowie andere gleichseitig gewölbte Flächen. Gleichseitig bedeutet hier, daß die Fläche immer nach der gleichen Seite gekrümmt ist. Wechselseitig gewölbt sind z. B. die erwähnten Sattel- (Hyperboloid-) und Wendelflächen. Wenn sie nach der einen Richtung positiv gekrümmt sind, so ist ihre Krümmung senkrecht dazu negativ; dazwischen liegt zwangläufig eine Richtung mit der Krümmung Null.

Im folgenden wenden wir uns nur den Biegeflächen zu. Für ihre zeichnerische Behandlung, insbesondere für das Konstruieren von Schnitten und Abwicklungen, ist es zweckmäßig, sich die Mantelfläche durch eine Schar beliebig vieler Erzeugenden ersetzt zu denken und deren gegenseitige Lage und Richtung zu untersuchen. Wir können dann folgende Hauptgruppen unterscheiden:

---

[1] Die Bezeichnungen „Biegefläche" und „abwickelbare Fläche" sind gleichwertig. Wegen der Kürze und als passenderes Gegenstück zu „Wölbefläche" wird hier die erste Bezeichnung bevorzugt.

1. *Zylinderflächen*, unterscheidbar in zylindrische Drehflächen und allgemeine Zylinderflächen. Ihre Mantelgeraden sind parallel. Parallelschnitte durch Zylinder sind deckungsgleich. Die Querschnittsform allgemeiner Zylinderflächen ist beliebig.

2. *Kegelflächen*, unterscheidbar in kegelige Drehflächen und allgemeine Kegelflächen. Ihre Mantelgeraden schneiden sich in einem Punkt. Parallelschnitte durch einen Kegel sind geometrisch ähnlich, vgl. Anhang, Seite 46. Die Querschnittsform allgemeiner Kegelflächen ist beliebig.

3. Allgemeine gerade *Übergangsflächen*, auch *allgemeine Biegeflächen* genannt. Mehrere nebeneinanderliegende Mantelgeraden und ihre Verlängerungen haben keinen gemeinsamen Schnittpunkt. Die Gesamtheit aller Schnittpunkte je zweier eng benachbarter Geraden bildet eine Schnittlinie (Schneide) beliebiger Form.

Die Biegung dieser Flächen ist demnach weder zylindrisch noch kegelig. Flächen dieser Art sollten daher nicht, wie es bisweilen geschieht, Zylindroide oder Konoide genannt werden. Konoide im engeren Sinn – Keilflächen – sind Biegeflächen mit gerader Schneide. Schneidenbildungen sind bei allgemeinen Biegeflächen keine Seltenheit.

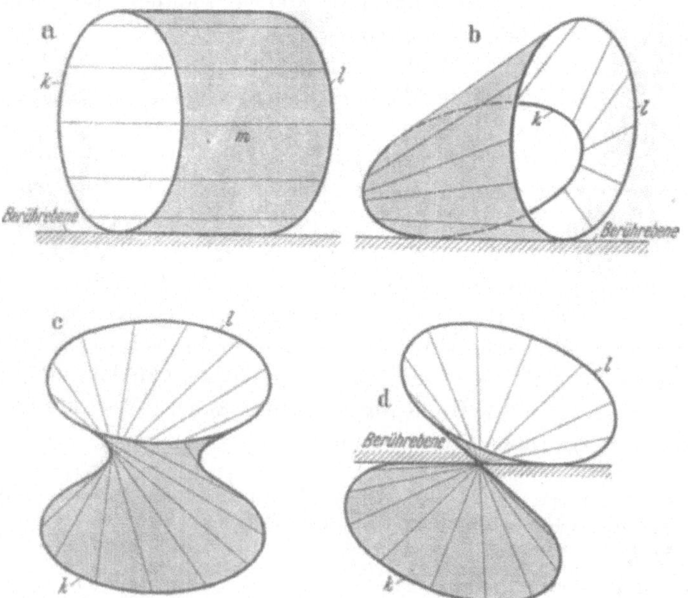

Abb. 1. *Verschiedene Flächen mit gleichen Randlinien k, l und Geraden m als Erzeugenden.* a Zylinderfläche; b allgemeine Biegefläche; c Sattel- oder Kehlfläche (windschiefe Fläche); d Doppelkegelfläche.

Parallelschnitte durch allgemeine Biegeflächen sind einander nur bedingt ähnlich, vgl. Abb. 49.

Von diesen drei Grundarten abwickelbarer Flächen leiten sich durch Aneinanderreihen und durch Anfügen an Ebenen die zusammengesetzten Biegeflächen ab, wie sie an Behältern, Gehäusen, Verkleidungen und technischen Erzeugnissen jeder Art häufig sind.

Durch Übergang zu unendlich großem Biegeradius erhält man als Grenzfall einer Biegefläche die *Ebene*. Die Richtung der erzeugenden Geraden ist hier beliebig bzw. unbestimmt. Durch Zusammenfügen verschieden geneigter Ebenen erhält man *Ebenflächner*. Die bekanntesten sind: dreiseitige Pyramide (Vierflächner), dreiseitiges Prisma (Fünfflächner), Würfel und Quader (Sechsflächner) usw. Ähnlich wie man Biegeflächen in Zylinder-, Kegel- und allgemeine Biegeflächen einteilt, so kann man Ebenflächner in Prismen, Pyramiden und allgemeine Ebenflächner (z. B. auch Kristallflächner) unterscheiden.

I. Zylinderflächen.

1. Schnitte.

Unter allen möglichen Zylindern nimmt der *Drehzylinder*, auch *gerader* Kreiszylinder genannt, wegen des Kreises als Querschnitt eine bevorzugte Stellung ein. Ist der Schnitt durch einen Zylinder zwar ein Kreis, liegt er aber *schräg* zur Zylinderachse, so handelt es sich um einen *schrägen* oder *schiefen* Kreiszylinder. Die Bezeichnung „schräger“ oder „schiefer Kreiszylinder“ und „elliptischer Zylinder“ sind verschiedene Namen für den gleichen Körper. — Der Kreis kann als Ellipse mit gleichlangen Hauptachsen aufgefaßt werden.

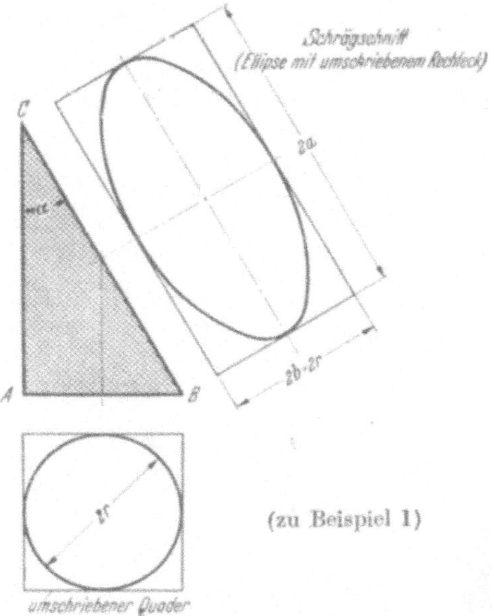

Abb. 2. *Schrägschnitt durch einen Zylinder mit umschriebenem Quader.*

Eine Ebene schneidet Zylinder mit Kreis- oder elliptischem Querschnitt im allgemeinen nach Ellipsen, im Sonderfall nach einem Kreis. Eng verwandt mit

Zylindern sind *Prismen*, der Unterschied beruht nur in der eckigen Querschnittsform.

Schrägschnitte verschiedener Neigung ergeben bei geraden und schiefen Kreiszylindern Ellipsen mit verschiedenem Schlankheitsverhältnis. Schrägschnitte durch andere Zylinder oder durch Prismen liefern Schnittbilder, die gleichfalls zum Querschnitt parallelverwandt sind, vgl. Anhang, Seite 46.

Beispiel 1: *Schräggeschnittener Drehzylinder* mit Durchmesser $2r$ und Schnittwinkel α.

Wie sieht die Schnittellipse aus?

Abb. 2 zeigt die Lösung. Ausführliche Anleitungen für das Zeichnen von Ellipsen enthält der Anhang, Abb. 55 und 56. Wie das Achsenverhältnis a/b (= Schlankheitsverhältnis) von der Schnittneigung abhängt, ergibt sich aus dem Neigungsdreieck ABC. Es ist $b/a = \sin\alpha$. Darin ist $b = r$. Dem Zahlenwert b/a entspricht nach dem Kurvenbild im Anhang, Seite 54, ein Winkel α, den man messen, aber auch rechnen kann.

Zahlenbeispiel: Rohrdurchmesser $d = 2b = 40$ mm, Schnittlänge $2a = 100$ mm. Daraus ergibt sich $\sin\alpha = b/a = 0{,}4$. Den Wert 0,4 sucht man an der linken Seite der Kurve Abb. 64, Anhang 10, auf, peilt waagerecht bis an die Kurve und biegt im Schnittpunkt senkrecht nach oben ab. Dort liest man dann an der horizontalen Skala den gesuchten Winkel $\alpha = 23{,}5°$ ab. In Abb. 64 heißt b/a zufällig a/c.

Beispiel 2: *Zu einer bestimmten Schnittellipse passender Drehzylinder.*

Diese Aufgabe ist die Umkehrung des vorigen Beispiels, sie wird uns bei zusammengesetzten Rohrknien und Gabelungen noch beschäftigen.

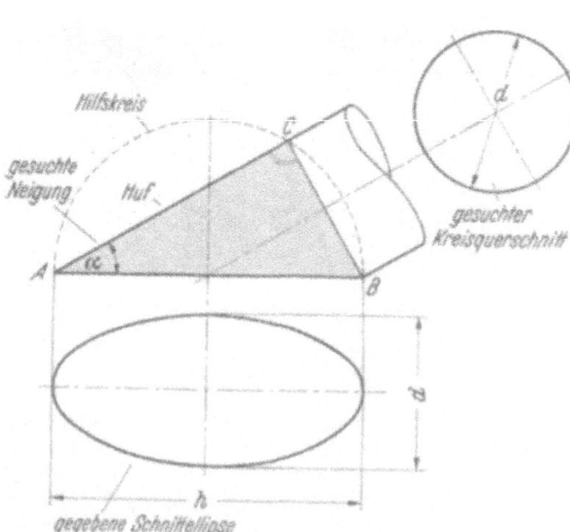

Abb. 3. *Zylinderhuf.*

Lösung: Wir wissen vom gesuchten Rohrquerschnitt, daß sein Kreisdurchmesser d weder kleiner noch größer, sondern genau gleich dem kleinen Ellipsendurchmesser $2b = d$ sein muß. Es muß also nur noch die Schnittneigung α gefunden werden. Sie ergibt sich aus dem rechtwinkeligen Dreieck ABC. Der Halbkreis über AB ist nur eine Hilfskonstruktion, die den folgenden Lehrsatz zum Gegenstand hat: „Alle

Randwinkel eines Halbkreises — es ist der Winkel bei C gemeint — sind rechte Winkel.“

Der Kreis mit d um B und sein Schnitt C mit dem Halbkreis über $A B$ ergibt den gesuchten Winkel $C A B = \alpha$. — Eine Lösung für die entsprechende Aufgabe beim elliptischen Zylinder, nämlich die Lage des Kreisschnittes zu finden, wird im Anhang, Abb. 58, gezeigt.

2. Abwicklung.

Die Abwicklung eines geraden, d. h. senkrecht abgeschnittenen Zylinders ist ein Rechteck. Einen schräggeschnittenen Zylinder kann man sich zusammengesetzt denken aus einem geraden Zylinder und einem Stumpf („Huf“), der an einem oder beiden Enden schräggeschnitten ist. Die Abwicklung des geraden Zylinderteils ist ohne besonderes Interesse, wir wenden daher unsere Aufmerksamkeit dem Huf zu.

Beispiel 3: *Beliebiger Zylinderhuf, schrittweise Abwicklung* (Abb. 4).

Die Abwicklung eines Zylinderhufs finden wir durch schrittweises Abrollen. Dieses Verfahren ist unabhängig von der Querschnittsform. Die

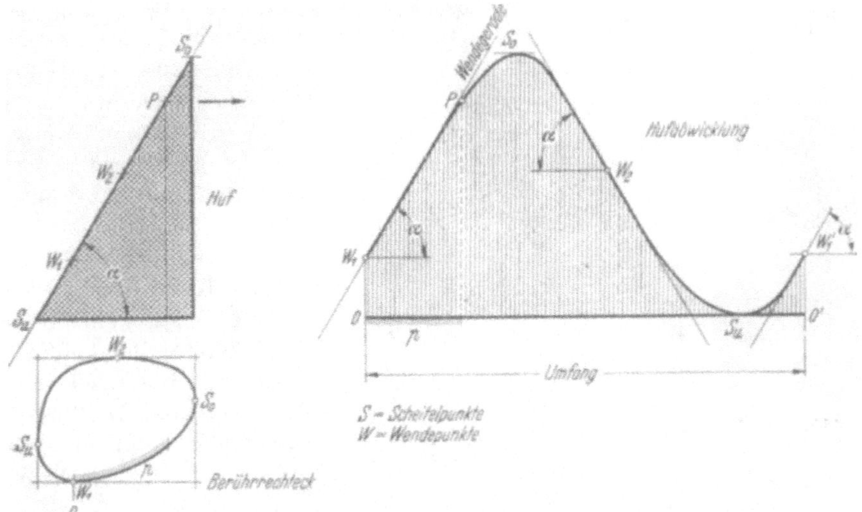

Abb. 4. *Abwicklung eines Zylinderhufs mit beliebiger Querschnittsform.*

Konstruktion geht aus der obigen Abbildung hervor. Um das Verfahren übersichtlich darzustellen, ist es nur für einen einzigen Punkt P vorgeführt.

Besonders wertvoll für das Auffinden der abgewickelten Kurve sind Scheitel-, Wendepunkte und Wendegeraden („Wendetangenten“). Wie die Abb. 4 zeigt, findet man diese Punkte leicht aus dem Grundriß mit

Hilfe des umschriebenen Berührrechtecks. Die Wendegeraden haben selbstverständlich immer die gleiche Neigung α wie der Schrägschnitt.

Für Hufe von *Drehzylindern* ist das soeben beschriebene, schrittweise Abrollen, wie es auch in jedem Lehrbuch beschrieben wird, unnötig umständlich. Außerdem ist es sehr empfindlich gegen Zeichenungenauigkeiten. Viel einfacher und gerade im Scheitel- und Wendepunktbereich unbedingt zuverlässig ist das „Einenge"-Verfahren mit Hilfe von Scheitelkreisen und Wendegeraden, wie es im Anhang, Abb. 62, beschrieben und im Beispiel 4, Abb. 6, gezeigt wird.

Die Abwicklung der Huffläche wird von Geraden und einer Wellenlinie begrenzt. Diese Linie ist beim schräggeschnittenen Drehzylinder nach links und rechts sowie nach oben und unten spiegelgleich und wird mathematisch als *Sinuslinie* bezeichnet. Bei Zylinderhufen mit beliebigem Querschnitt ist diese Wellenlinie keine Sinuslinie und nicht mehr spiegelgleich.

3. Umlenkungen und Gabelungen.

Zylindrisches Rohrknie.

Wenn wir einen Kreiszylinder unter einem Winkel α schneiden und beide Abschnitte nach gegenseitiger Verdrehung um 180° wieder mit den Schnittflächen aneinanderpassen, entsteht ein zylindrisches Rohrknie mit einer Ablenkung um 2α. Wir stellen dabei fest:

1. Die Überschneidung der beiden Schenkel ist ebenflächig und hat Ellipsenform,
2. die Schnittebene halbiert den Kniewinkel.

Diese anscheinenden Selbstverständlichkeiten verblassen überraschend, sobald sie vom Reißbrett wegwandern und in der Werkstatt verwirklicht werden sollen.

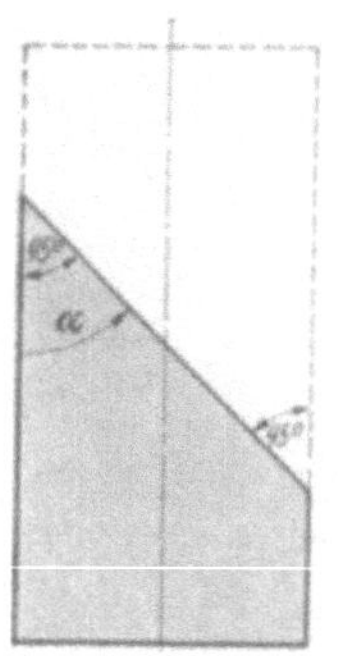

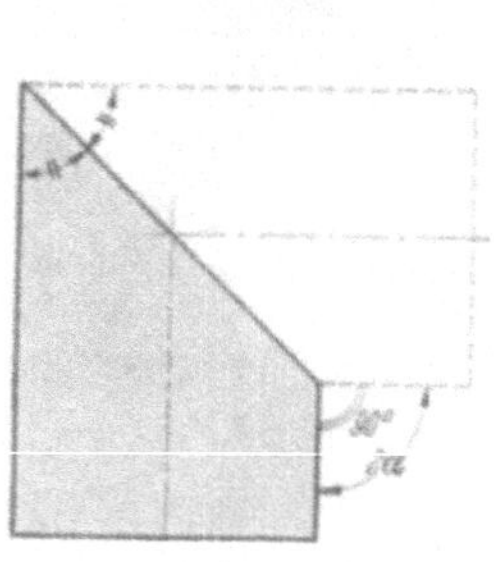

Abb. 5. *Beziehung zwischen Kniewinkel und Schnittwinkel.* Ein Schrägschnitt unterm Winkel α liefert ein Knie mit einem Umlenkwinkel 2α.

Beispiel 4: *Mehrgliedriger Krümmer*, Skelettlinie und Lage der Überschneidungen.

Ein mehrgliedriger Krümmer entsteht durch Aneinanderreihen mehrerer schräggeschnittener Zylinder mit gleichem Querschnitt.

Die Abschnitte können nach Länge, Schnittwinkel und Lage der Schnittebenen verschieden sein, d.h. der fertige Krümmer braucht weder einen Kreisbogen anzunähern, noch muß seine Mittellinie in einer Ebene liegen (vgl. Beispiel 6).

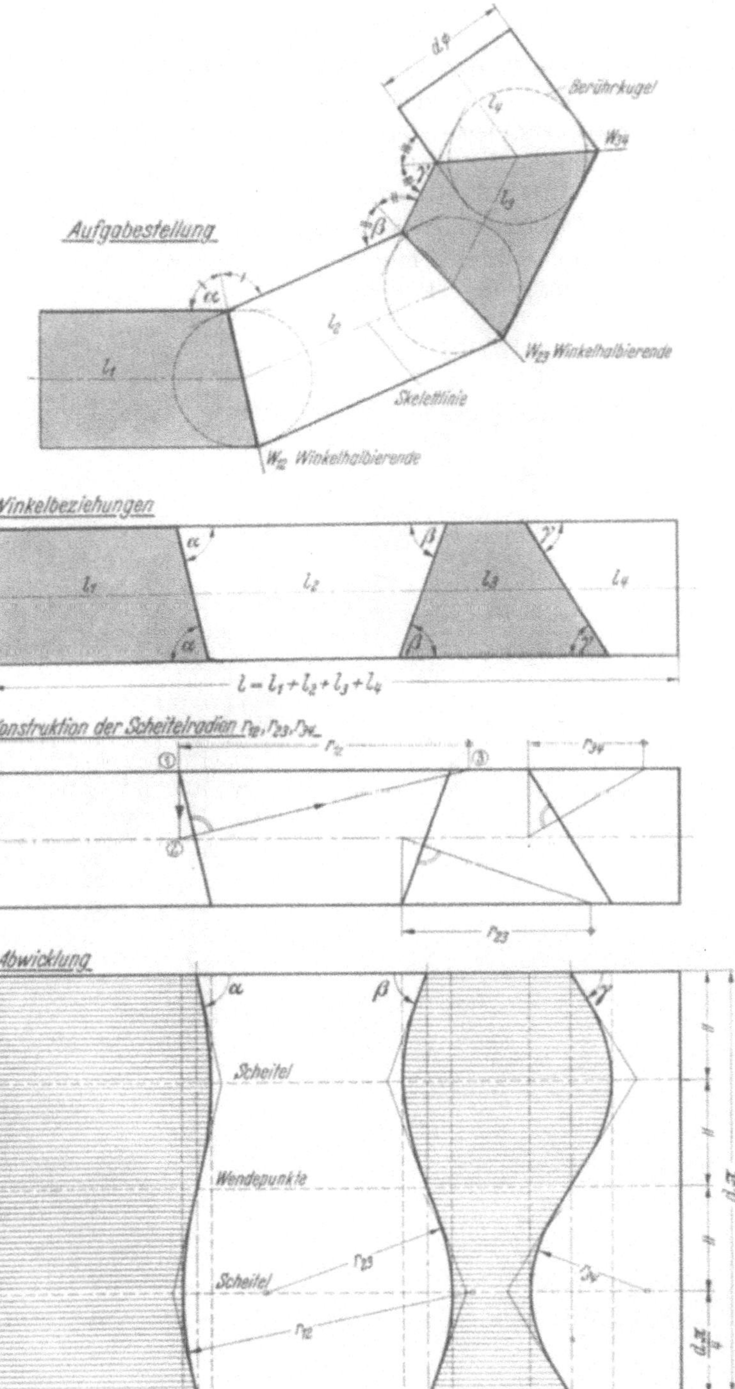

Abb. 6. *Verschnittlose Abwicklung eines vierteiligen Rohrkrümmers, dessen Skelettlinien-Schnittpunke nicht auf einem Kreisbogen liegen.*

Am besten geht man bei der Konstruktion des Krümmerumrisses von der Mittellinie des Krümmers, der sog. *Skelett*linie aus. Gemeinsames Konstruktionsprinzip für ebene und nichtebene Krümmer: Wir denken uns in den Knickpunkten der Skelettlinie Hilfskugeln vom Durchmesser des Leitungsquerschnitts. Die Kugeln haben den Vorteil, sich immer als Kreise abzubilden. Der Krümmerumriß ergibt sich dann in allen Ansichten sehr einfach: immer an zwei aufeinanderfolgende Knickpunktkreise wird ein Berührgeradenpaar gezeichnet.

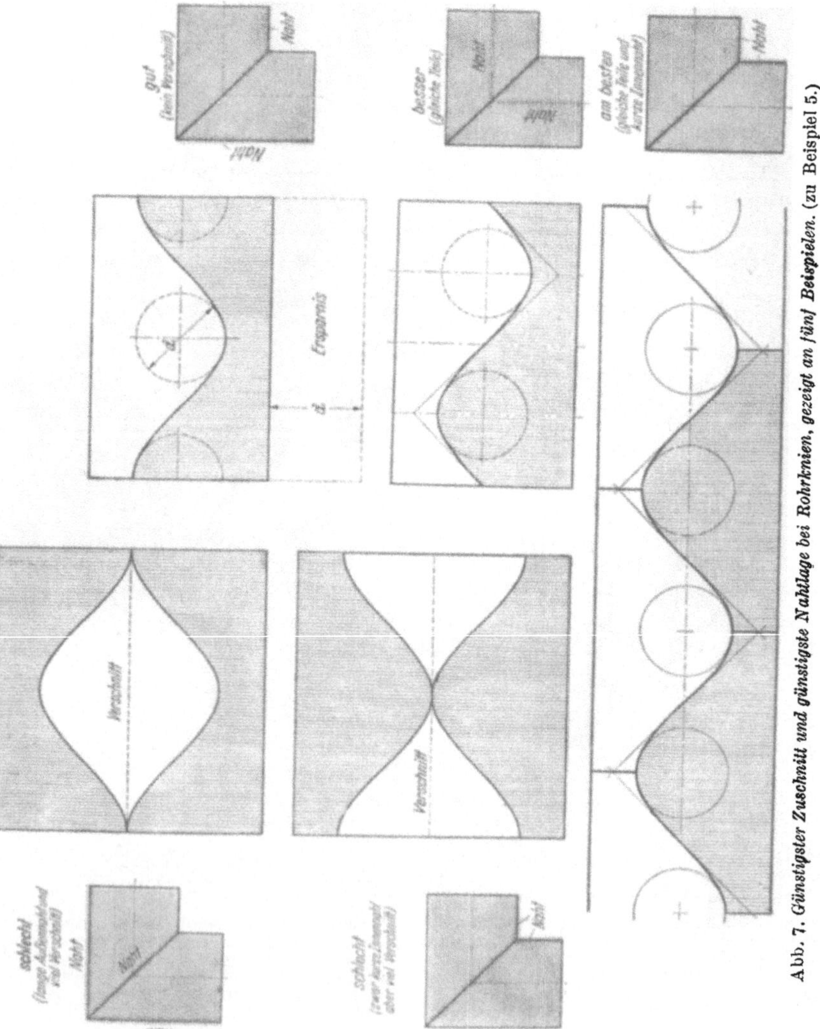

Abb. 7. *Günstigster Zuschnitt und günstigste Nahtlage bei Rohrknien, gezeigt an fünf Beispielen.* (zu Beispiel 5.)

Nur wenn die Knickpunkte der Skelettlinie auf einem Kreisbogen liegen, schneiden sich die Winkelhalbierenden w_{12}, w_{23} usw. in einem einzigen Punkt. Für diesen häufigen Sonderfall kann umgekehrt dieser gemeinsame Schnittpunkt Ausgang sein, um die genaue Richtung weiterer Knickebenen festzulegen.

Die Abwicklungen der Krümmerabschnitte erhalten wir ohne Verschnitt, wenn wir sie wie in unserer Abbildung aneinanderlegen. Die benötigte Rohrlänge l setzt sich zusammen aus den Längen l_1, l_2 usw. der Skelettlinienabschnitte. Das Abwickeln geschieht am besten nach dem Beispiel Seite 52 im Anhang.

Beispiel 5: *Naht und Verschnitt beim Abwickeln von Rohrknien* (Abb. 7).

Durch Abwälzen eines schräggeschnittenen Kreiszylinders erhält man eine Sinuslinie. Jeder vollen Umdrehung – gleichgültig, wo der Zählbeginn liegt – entspricht eine volle Wellenlinie. Bestimmte Anfangsstellungen haben jedoch, wie wir sofort sehen werden, ganz bestimmte praktische Vorteile. Bei einer kritischen Betrachtung des Kurvenverlaufs fällt zunächst folgendes auf: die Berg- und die Talabschnitte der Sinuslinie sind spiegelgleich, d.h. die Flächenabschnitte zu beiden Seiten der Kurve sind gleich gut als Hufabwicklungen brauchbar. Lassen wir sie ineinandergreifen, so wird erheblich an Verschnitt gespart.

Die Wahl des Wellenanfangs ist bestimmend für die Lage und Länge der Längsnaht des Krümmers.

Beispiel 6: *Räumlich umgelenkte Rohrleitung.*

Bei räumlicher Umlenkung mit Gefälle ist die beste Lösung jene, bei der das Gefälle immer gleich bleibt. Dies wird zeichnerisch erreicht, wenn

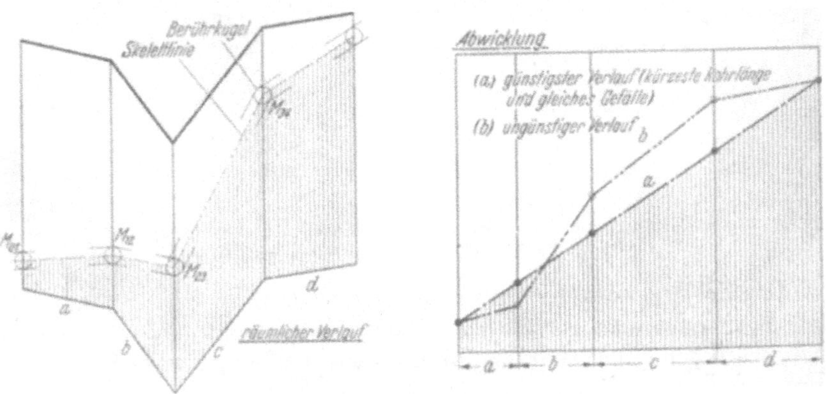

Abb. 8. *Räumlich umgelenkte Rohrleitung.*

die Umlenkpunkte (M_{01}, M_{12} ...) in der Abwicklung auf einer Geraden liegen. Die Ablenkwinkel in den einzelnen Knicken findet man einfach, wenn man den ganzen Rohrstrang in einzelne Dreiecke M_{01}–M_{12}–M_{23}, M_{12}–M_{23}–M_{34} usw. aufteilt, ihre wahren Größen bestimmt und dadurch die wahren Winkel findet. Dieses Beispiel zeigt die Nützlichkeit, bei schwierigeren Leitungs- und Verteilungsaufgaben mit der Skelettlinie und Berührkugeln in den Knick- oder Verteilungspunkten zu arbeiten.

Beispiel 7: *Gabelung zylindrischer Rohre.*

Solang es sich bei allen Teilen um Drehzylinder mit gleichem Durchmesser handelt, überschneiden sie sich in ebenen Kurven, Ellipsen. Dementsprechend ergeben sich beim Abwickeln immer Stücke von Sinuslinien. Genau in Schnittrichtung gesehen, verkürzen sich die Überschneidungen zu Geraden, eine wichtige Feststellung. Die drei Zylinderachsen einer Gabelung schneiden sich in einem Punkt.

Beim Entwurf einer Rohrgabelung gehen wir nach dem Vorbild des Beispiels 4 wieder von der bzw. den Skelettlinien der Gabelung aus und denken uns den Knotenpunkt wieder von einer Hilfskugel umgeben. Die Kugel bildet sich unter jedem Blickwinkel als Kreis ab, an den wir Paare von Berührgeraden legen, die zu den Richtungen der Skelettlinien parallel sind.

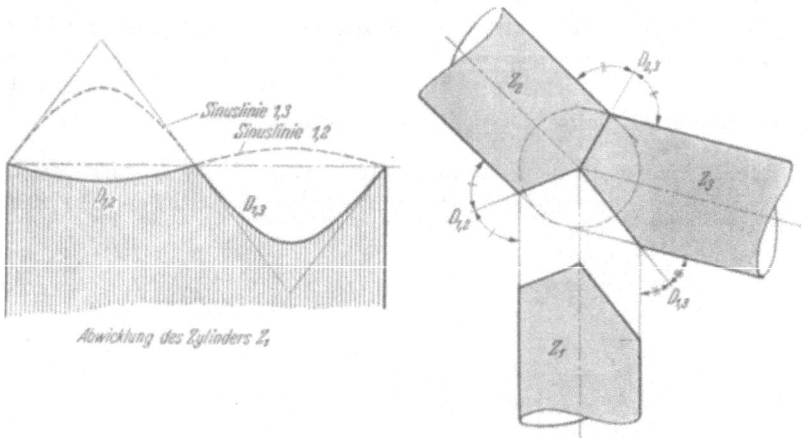

Abb. 9. *Rohrgabelung.* Hilfsvorstellung: die Rohre umhüllen eine Kugel im Schnittpunkt der Achsen. D_{12} bedeutet Durchdringung zwischen den Zylindern Z_1 und Z_2.

Das Zeichnen der drei Abwicklungen gewinnt an Klarheit und Einfachheit, wenn man berücksichtigt, daß die zackigen und scheinbar so merkwürdigen Schnittkurven durch Überschneiden je zweier Sinuslinien zustande kommen. Überhaupt ist es nicht überflüssig, sich immer klarzumachen, mit welcher Art Schnittkurven man es jeweils zu tun hat.

Das Wissen, es bei einer bestimmten Kurve z.B. mit einer Ellipse, Hyperbel, Sinuslinie o. dgl. zu tun zu haben, bewahrt nicht nur vor groben Zeichenfehlern hinsichtlich der Kurvenkrümmung, sondern bietet bei guten Kenntnissen in der analytischen Geometrie oft erhebliche Vereinfachungen und Verbesserungen des Zeichenverfahrens.

4. Paarung von Zylindern (= gleichartige Paarung).

Die Bezeichnungen Paarung, Überschneidung und Durchdringung werden hier gleichbedeutend verwendet. Im allgemeinen überschneiden sich zwei ungleiche Zylinder nicht nach einer ebenen Kurve. Es ist zweckmäßig, zwischen dem allgemeinen Fall (beliebige Paarung von Zylindern nach dem Beispiel 8) und einem Sonderfall (Paarung von Drehzylindern mit sich schneidenden Achsen, Beispiel 22) zu unterscheiden.

Beispiel 8: *Beliebige Paarung von Zylindern* (Abb. S. 12 und 13).

Aus Zeichenbequemlichkeit sind im vorliegenden Beispiel als Zylinderquerschnitte Ellipsen gewählt, ebensogut könnten beliebige andere Schnittformen gewählt werden.

1. Vorbereitung: Wir drehen das Zylinderpaar so, daß seine beiden Richtungen parallel zur Zeichenebene (Aufrißebene) liegen und außerdem eine dieser Richtungen senkrecht zum Grundriß steht. Senkrecht zum schrägen Zylinder errichten wir in geeignetem Abstand eine Hilfsebene als dritte Projektionsfläche und klappen sie bei Bedarf in die Zeichenebene um. Parallel zur Aufrißebene und am besten etwas außerhalb des Zylinderpaares wählen wir eine Bezugsebene für den Abstand s beliebiger Flächenpunkte P (Abb. 10b).

2. Einengen (Abb. 10a): Wie im Beispiel 1 (Abb. 2) streifen wir dem schrägen Zylinder einen an vier Stellen A, B, C, D anliegenden Quader über, dessen Flächen zur Zeichenebene teils parallel sind, teils dazu senkrecht stehen. Die Durchdringung dieses Quaders mit dem dicken Zylinder erscheint im Aufriß als Parallelogramm mit den Seiten a. b, c, d und im umgeklappten dritten Riß als Rechteck (4)–(5)–(6)–(7).

Dem scheinbaren[1] Umriß des aufrechten Zylinders im Aufriß entspricht eine Mantellinie ef. Ihre Doppelbezeichnung gibt an, daß auf ihr ein Punktepaar $E.F$ liegt, welches zwei weitere wichtige Kurvenberührpunkte darstellt. Das Punktepaar wird entsprechend dem „Fahrplan" (1) ... (7) gefunden.

3. Verfeinern: Dort, wo der vermutliche Kurvenverlauf unsicher ist, werden zusätzliche Punkte P, Q gesucht. Wir legen in dieser Gegend, d.h. im Abstand s von der Bezugsebene, einen Parallelschnitt. Er schneidet

[1] *Scheinbar*, weil beim Drehen des Zylinders Z_1 um seine Achse immer eine neue Mantellinie zur augenblicklichen Umrißlinie wird.

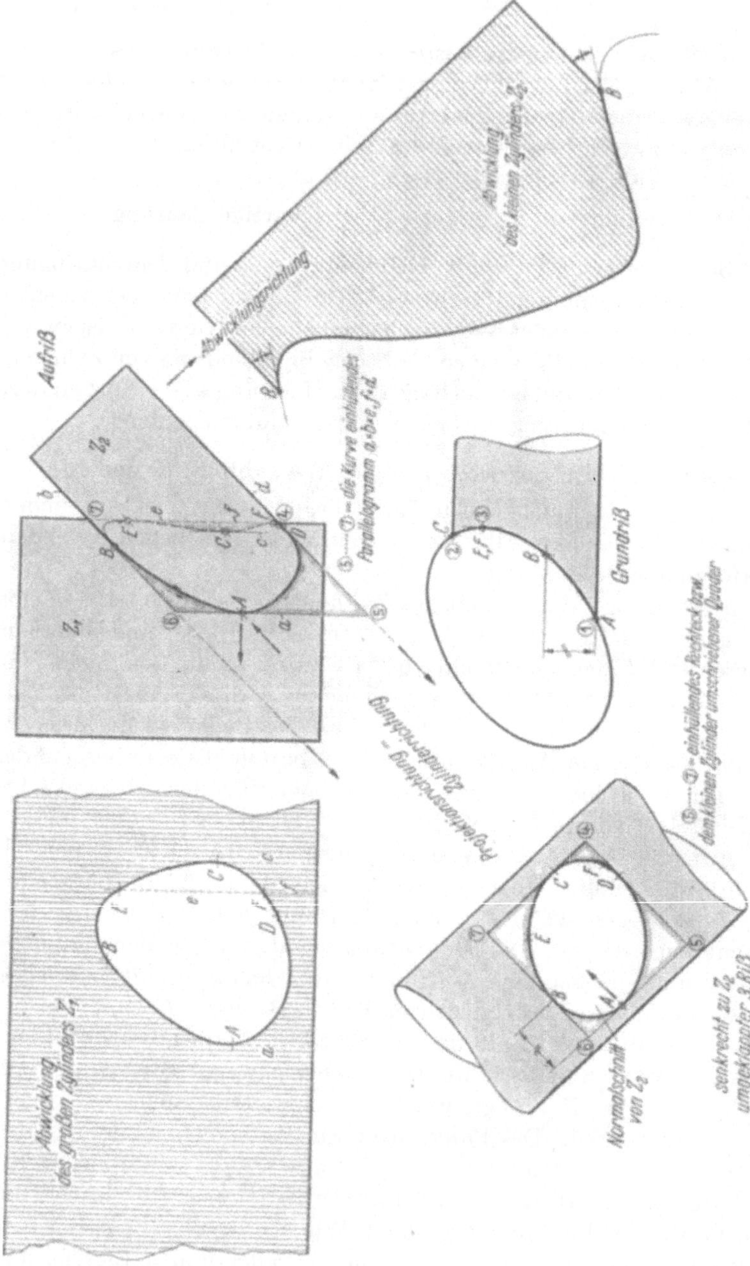

Abb. 10a. *Überschneiden zweier beliebiger Zylinder.* Einengen der Durchdringungskurve durch Überstreifen eines Quaders (4)—(5)—(6)—(7) über den Zylinder Z_2 und Konstruieren der beiden Abwicklungen.

beide Zylinder in Rechtecken, die sich in den Punkten P, Q, R, S kreuzen.

4. Abwickeln: Nachdem hinreichend viele Punkte der Überschneidung bestimmt sind, werden die beiden Mäntel in bekannter Weise abgewickelt. Es ist zu beachten, daß hierbei die durch ihre Lage ausgezeichneten sechs Punkte A bis F nicht oder nur durch Zufall in Scheitelpunkte oder sonstwie ausgezeichnete Punkte der Abwicklungskurve übergehen.

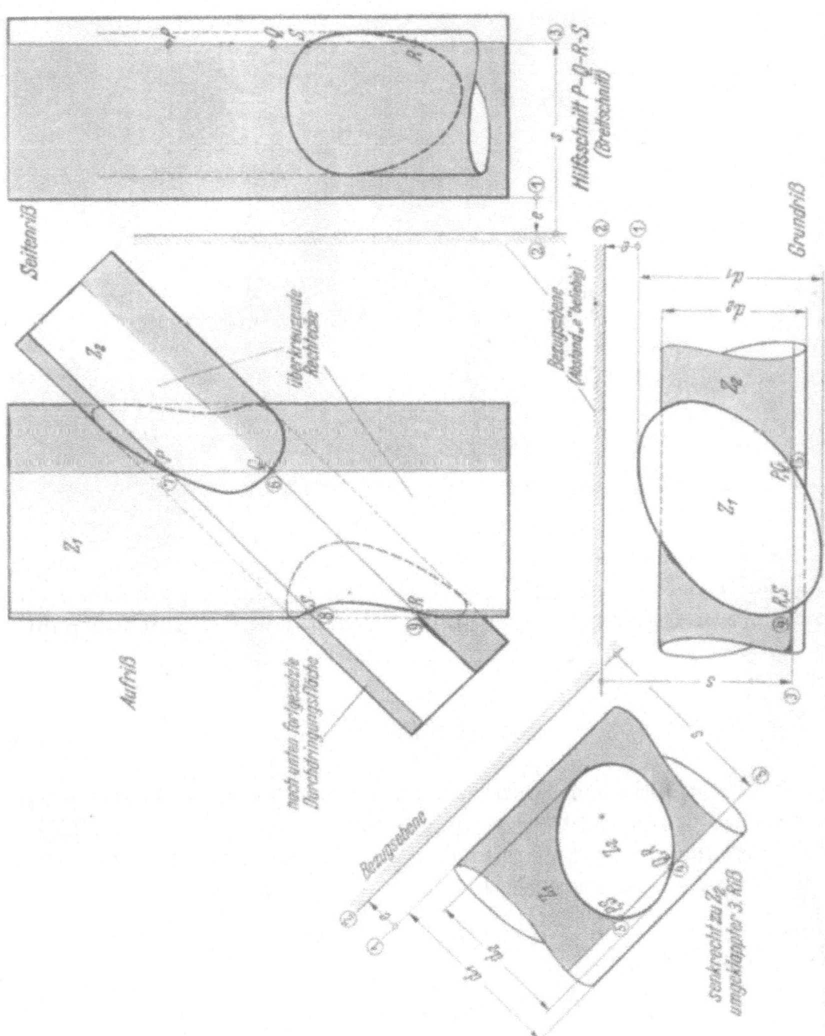

Abb. 10b. *Überschneidung zweier beliebiger Zylinder.* Punktweise Konstruktion der Durchdringungskurve (Brettschnitt durch beide Zylinder im Abstand s von der Bezugsebene).
Die Zahlenfolge (1) ... (9) ist der „Fahrplan" zur Bestimmung der vier Kreuzungspunkte P, Q, R, S.

II. Kegelflächen.

Wie bei Zylindern kann man auch hier unterscheiden zwischen Drehkegeln („gerade Kreiskegel"), elliptischen Kegeln („schiefe Kreiskegel") und allgemeinen Kegeln (Kegel mit beliebiger Querschnittsform). Demnach sind Pyramiden allgemeine Kegel mit eckigem Querschnitt.

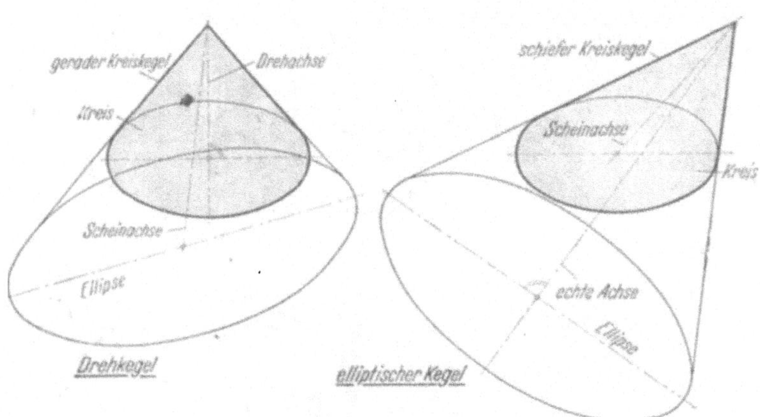

Abb. 11. *Gerader und schiefer Kreiskegel.*

Die Kegelachse geht zwar immer durch die Kegelspitze, ihre Richtung kann jedoch – den Fall des Drehkegels ausgenommen – beliebig angenommen werden, z. B. derart, daß sie durch den Flächenschwerpunkt eines ebenfalls beliebig festzulegenden Querschnitts geht.

1. Schnitte.

Wie bei elliptischen Zylindern kann auch bei elliptischen Kegeln immer eine Schnittrichtung gefunden werden, der als Schnittbild ein Kreis zugeordnet ist. Anders als dort kann aber hier diese Richtung zeichnerisch nur näherungsweise bestimmt werden.

Je nach der Schnittrichtung ergeben sich allgemein bei Kegeln folgende Beziehungen:

1. Parallelschnitte sind geometrisch ähnlich.

2. Pendelschnitte (Abb. 52 und 54) sind einander entfernt ähnlich

(vgl. Anhang, Seite 46). – Die Lage der Pendelachse gegenüber dem Kegel ist beliebig.

3. Schnitte durch die Kegelspitze ergeben immer Dreiecke.

Unter *Kegelschnitten im engeren Sinn* versteht man gewöhnlich nur Schnitte von *Drehkegeln*. Für sie gilt folgendes:

1. Die Schnitte sind *Kreise*, wenn die Schnittrichtung senkrecht zur Drehachse ist.

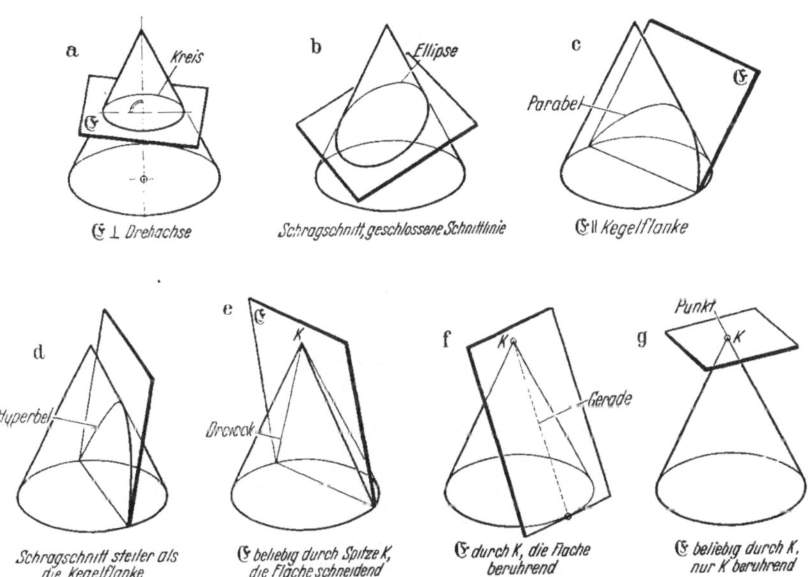

Abb. 12. *Entstehung der „Kegelschnitte im engeren Sinn“*. 𝔈 = Schnittebene, vgl. **Anhang 1.**

2. Die Schnitte sind *Parabeln*, wenn die Schnittrichtung parallel zu einer Mantellinie ist. (Mechanische Gedächtnisstütze: *Para*bel = Schnitt *para*llel zur Kegelflanke.)

3. Alle Schnitte im Neigungsbereich zwischen Kegelspitze und Parabel (Abb. 13) sind *Ellipsen*. Alle Ellipsen sind geschlossene Kurven, ihre Konstruktion ist im Anhang Abb. 55 und 56, beschrieben.

4. Alle Schnitte mit geringerer Neigung als die Kegelflanke sind *Hyperbeln*. Hyperbeln und Parabeln sind offene, ins Unendliche reichende und nach dorthin immer flacher werdende Kurven.

Die Schnitte an Kegeln werden auf verschiedene Weise gefunden. Allgemein gültig und praktisch ist es, wie in den Beispielen 9 und 10 von genügend vielen Mantelgeraden die Durchstoßpunkte P zu suchen. Bei Drehkegeln ist mitunter auch ein anderes Verfahren, das Überschneiden der Schnittfläche mit einer Anzahl Schnitten senkrecht zur Drehachse vorteilhaft (Beispiel 11). In allen drei Beispielen (10, 11, 12) ist der Berührpunkt T der Schnittkurve mit dem Kegelumriß im dritten Riß eine wertvolle kleine Zeichenhilfe.

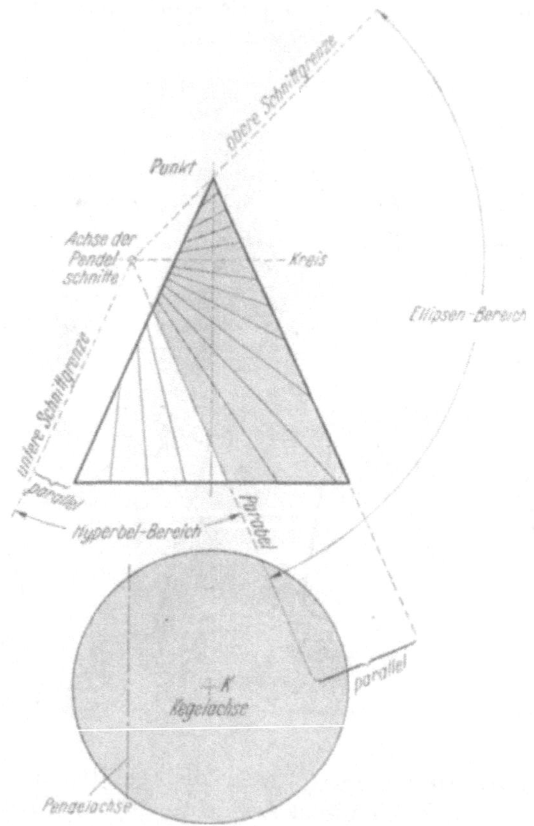

Abb. 13. *Schräggeschnittener Drehkegel mit Schnittbereichen der Ellipsen, Parabel und Hyperbeln.*

Beispiel 9: *Schräggeschnittener allgemeiner Kegel* (Abb. 14).

Das Verfahren ist durch die Abbildung selbst genügend beschrieben und wird an einer einzelnen Mantelgeraden vorgeführt.

Beispiel 10: *Parabel als Schrägschnitt eines Drehkegels* (Abb. 15).

Genau nach dem Beispiel 9 kann die Parabel über Mantelgeraden KP gefunden werden. Daß die Schnittkurve eine Parabel ist, folgt aus der

Schnittneigung parallel zur Kegelflanke. — Ähnlich wie für Ellipsen gibt es auch für Parabeln Zeichenhilfen (vgl. Abb. 57), die das Ergebnis genauer und schneller finden lassen. Im Grundriß des Drehkegels ergibt sich die Parabel besonders einfach: OA und OB sind, wie leicht zu beweisen ist, bereits die Berührgeraden in A und B. Da die Winkel in A und B als Randwinkel im Halbkreis rechte Winkel sind, ist MN zugleich Krümmungsradius des Scheitels in S.

Beispiel 11: *Ellipse als Schrägschnitt eines Drehkegels* (Abb. 16).

Wir könnten das Schnittbild wie vorhin finden, wählen aber einen eleganteren Weg: wir bestimmen Lage und Größe der Ellipsen-Hauptachsen und zeichnen die Kurve nach dem Verfahren Abb. 55 oder 56. Die große Achse A_1A_2 ist im Seitenriß bereits in wahrer Größe abgebildet. Ihre Mitte M gibt die Lage der kleinen Achse B_1B_2 an. Deren Größe finden wir in der Draufsicht: der waagerechte Schnitt durch M und den Drehkegel ist ein Kreis mit dem Radius KR. Die Kreissehne B_1B durch M senkrecht zur großen Achse ist die gesuchte kleine Achse.

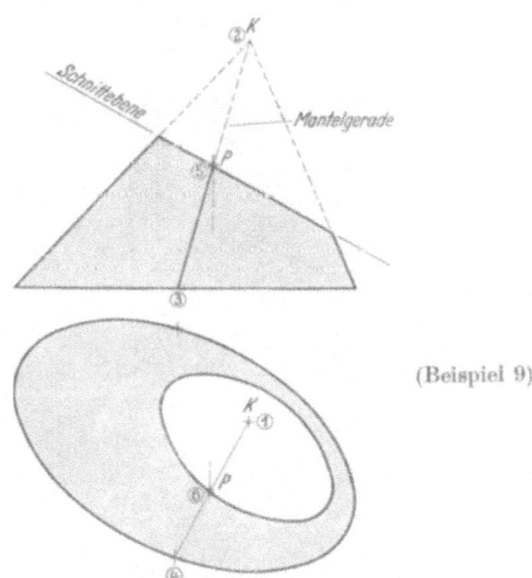

Abb. 14. *Schrägschnitt eines beliebigen Kegels.*

Beispiel 12: *Hyperbel als Schrägschnitt eines Drehkegels* (Abb. 17).

Zur Abwechslung und um zu große Zeichenungenauigkeit durch besonders spitze Schnittwinkel zu vermeiden, werden hier nicht wie im Beispiel 9 Pendelschnitte, sondern Schnitte senkrecht zur Achse geführt. Um das Bild nicht zu verwirren, ist nur ein einziger Schnitt geführt.

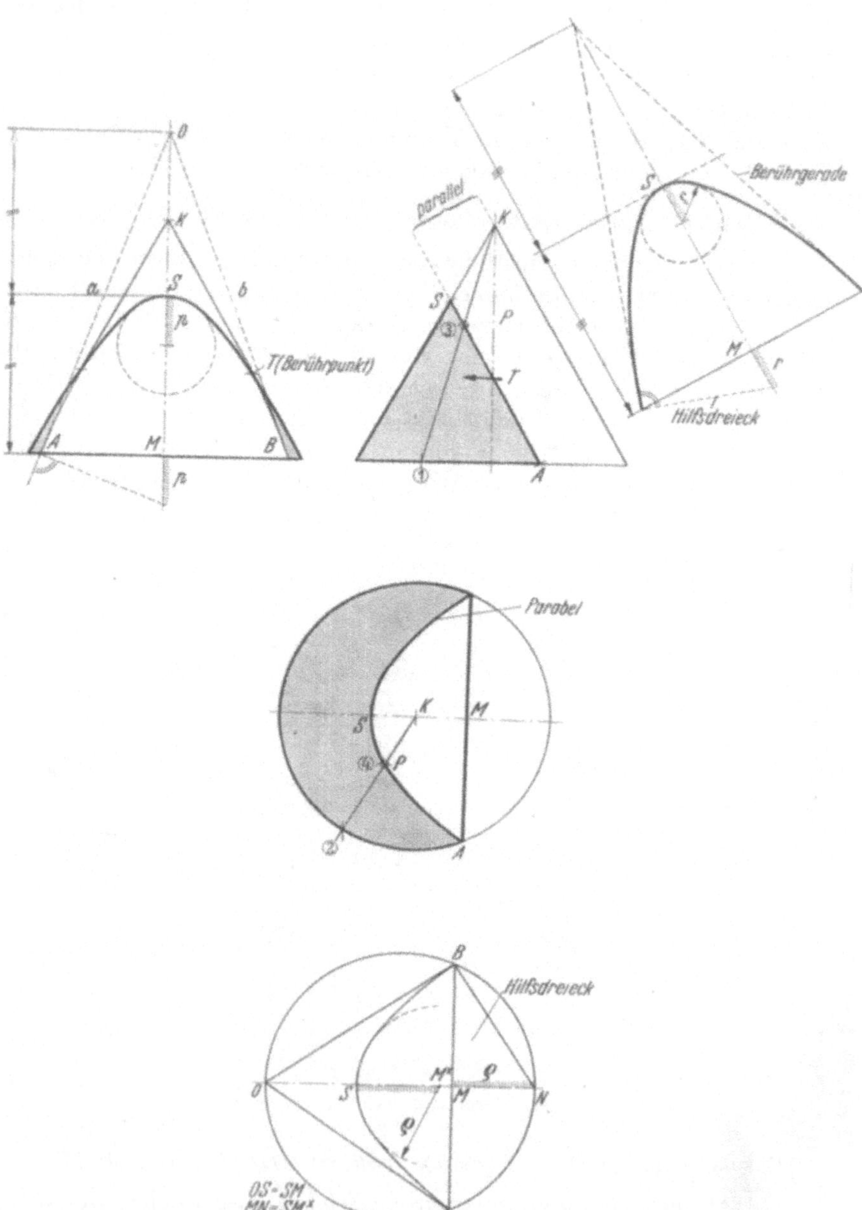

Abb. 15. *Parabolischer Schnitt eines Drehkegels.* In den drei Schnittansichten sind die Krümmungsradien abwechselnd mit p, r und ϱ bezeichnet.

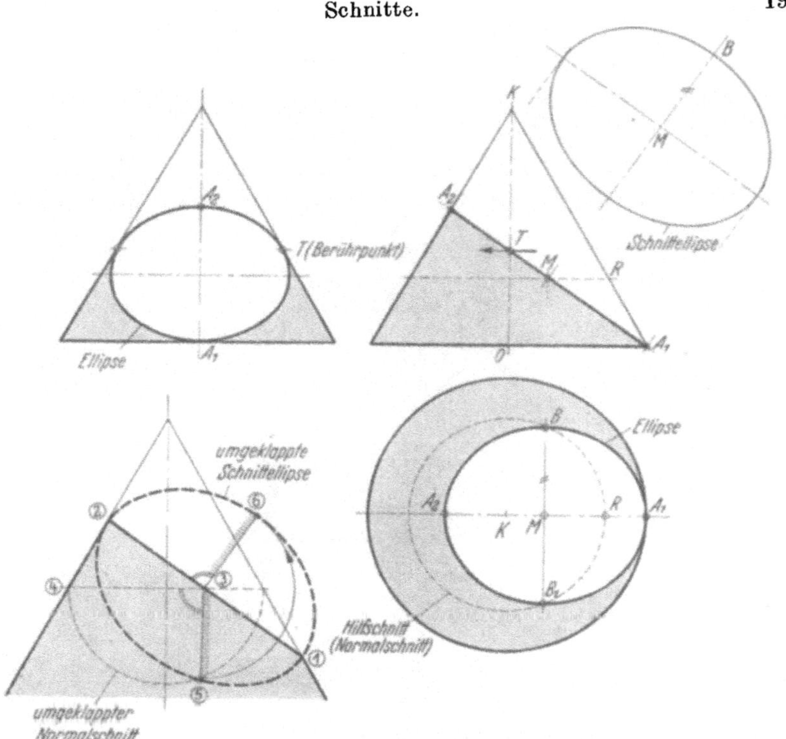

Abb. 16. *Elliptischer Schnitt eines Drehkegels.*

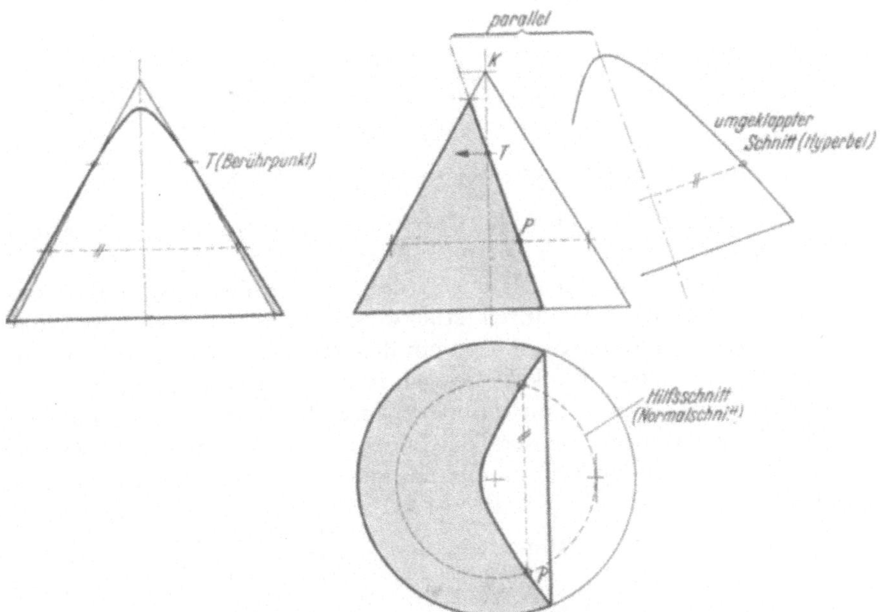

Abb. 17. *Hyperbolischer Schnitt eines Drehkegels.*

2. Abwicklung.

Beispiel 13: *Senkrecht zur Achse geschnittener Drehkegel.*

Seine Abwicklung ist ein Kreisausschnitt mit dem Radius s und dem Mantelwinkel μ. Der Radius ergibt sich als Seitenlänge s aus dem rechtwinkeligen Dreieck KAM rein zeichnerisch oder auch durch Rechnung.

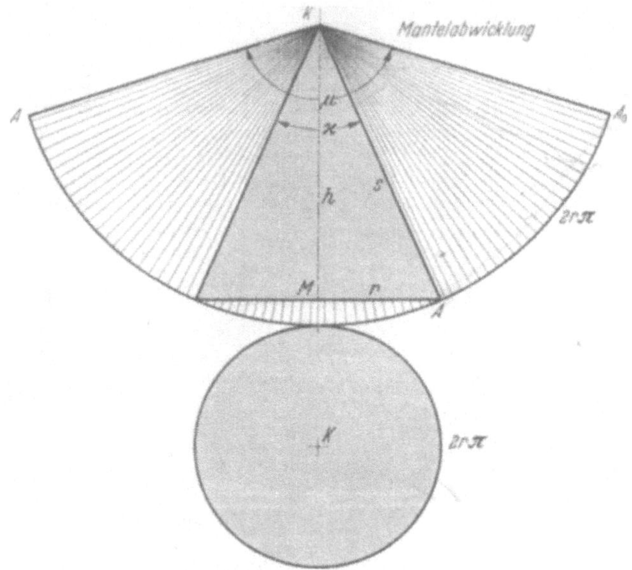

Abb. 18. *Mantelabwicklung eines Drehkegels.* Das Bestimmungsdreieck KAM enthält folgende wichtige Größen: Kegelhöhe h, Radius r des Grundkreises, Seitenlänge s und den halben Kegelwinkel $\varkappa/2$. Die abgerollte Bogenlänge ist gleich dem Kreisumfang $2r\pi$ (π ist die Abkürzung für die Zahl 3,14...).

Es ist

$$s = \sqrt{r^2 + h^2} \quad \text{oder auch} \quad s = r/\sin(\varkappa/2).$$

Der genaue Wert des Kegelwinkels $\varkappa$ kann rechnerisch bestimmt werden aus $\sin(\varkappa/2) = r/s$.

Der Mantelwinkel μ ergibt sich zeichnerisch nur umständlich und wenig genau, nämlich durch stückweises Abtragen des Grundkreisumfangs $2r\pi$ auf dem Kreisbogen mit dem Radius s. Genau und sehr einfach läßt sich dieser Winkel hingegen rechnerisch bestimmen: Wir vergleichen den Kreisausschnitt mit dem ganzen Kreis um K. Es verhält sich der Teil zum Ganzen wie der Teilwinkel μ zum Gesamtwinkel 360^0 oder wie der abgewickelte Teilumfang AA_0 zum Gesamtumfang $2s\pi$. Daraus folgt:

$$\text{Mantelwinkel } \mu = \frac{r}{s} 360^\circ$$

oder durch Einsetzen des obigen Wertes für r/s

$$\mu = 360° \cdot \sin(\varkappa/2).$$

Der sich daraus errechnende Winkel wird mit dem Winkelmesser aufgezeichnet.

Zahlenbeispiel. Kegelradius $r = 10$ cm, Flankenlänge $s = 25$ cm. Gesucht sind Mantelwinkel und Kegelwinkel.

Nach obigem ergeben sich:

Mantelwinkel $\mu = 360° \cdot 10/25 = 144°$;

der Kegelwinkel $\varkappa$ errechnet sich mittelbar aus der Beziehung:

$$\sin(\varkappa/2) = r/s = 0{,}4.$$

Aus der Sinustabelle, die in jedem besseren technischen Taschenbuch enthalten ist, oder aus Abb. 64 folgt für $\sin x = 0{,}4$ ein Wert $x = \varkappa/2 = 23° 40'$. Demnach beträgt der gesuchte Kegelwinkel $\varkappa = 47° 20'$.

Ein interessanter Fall ergibt sich für den Kegelwinkel $\varkappa = 60°$ bzw. für $r/s = 1/2$. Hierfür folgt nämlich ein Mantelwinkel $\mu = 180°$. Das Verhältnis 60°/180° ist ein sehr praktischer Richtwert zum Abschätzen, ob für einen Kegelwinkel, der größer oder kleiner ist als 60°, der Abwicklungswinkel größer oder kleiner als 180° ist.

Faustregel: Der Mantelwinkel μ ist annähernd gleich dem dreifachen Kegelwinkel $\varkappa$. – Die Genauigkeit dieser Regel kann leicht an der Kurve in Abb. 64 nachgeprüft werden.

Beispiel 14: ***Kegel mit beliebiger Querschnittsform.***

Das Konstruieren der Abwicklung eines beliebigen Kegels ist schwierig und wird durch das fortgesetzte Addieren von Zeichenungenauigkeiten beim Geradestrecken von Bogenstücken ungenau. Am besten verzichtet man daher überhaupt auf das Konstruieren und bestimmt die Abwicklung durch Versuch. Man fertigt mit einfachsten Mitteln ein Lehrgerüst (Attrappe) im Originalmaßstab an. Die Attrappe kann aus der Nachbildung der Grundfläche bestehen (ein genau zugeschnittenes Blech oder Brett) und der auf beliebige Weise fixierten Kegelspitze (z. B. ein auf der Grundfläche festmontiertes Brett oder Rohr, ein Stab oder eine Latte, angespitzt oder mit eingesetzter Spitze). Diese Lehre läßt man auf Blech oder Karton abrollen, wobei die Spitze

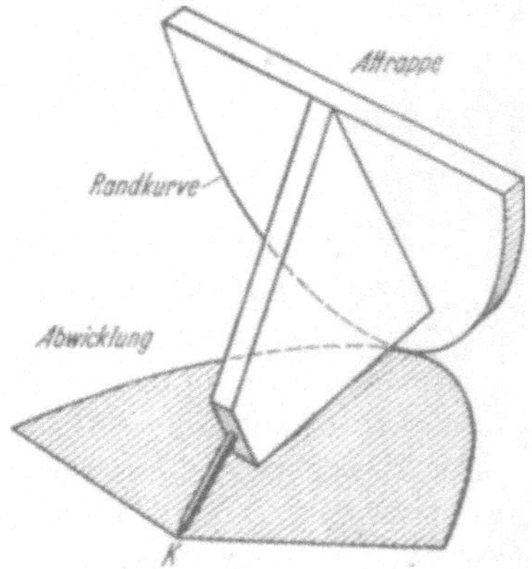

Abb. 19. *Abwickeln eines allgemeinen Kegels mit Hilfe einer Attrappe.*

unverrückbar am gleichen Punkt festgehalten wird. Durch das Abrollen wird auf der Unterlage die genaue Mantelabwicklung markiert.

Beispiel 15: *Schräggeschnittener Drehkegel.*

Die Konstruktion der Abwicklung entspricht genau jener beim schräggeschnittenen Drehzylinder mit folgendem Unterschied: dort erzeugen Mantelgeraden und Höhenlinien in der Abwicklung ein Rechtecknetz, hier ein Netz aus konzentrischen Strahlen und Kreisen. In beiden Fällen werden Punkte von der gebogenen Mantelfläche in das ebene Liniennetz der Abwicklung übertragen. Diese Arbeit ist bei Kegelflächen wegen der

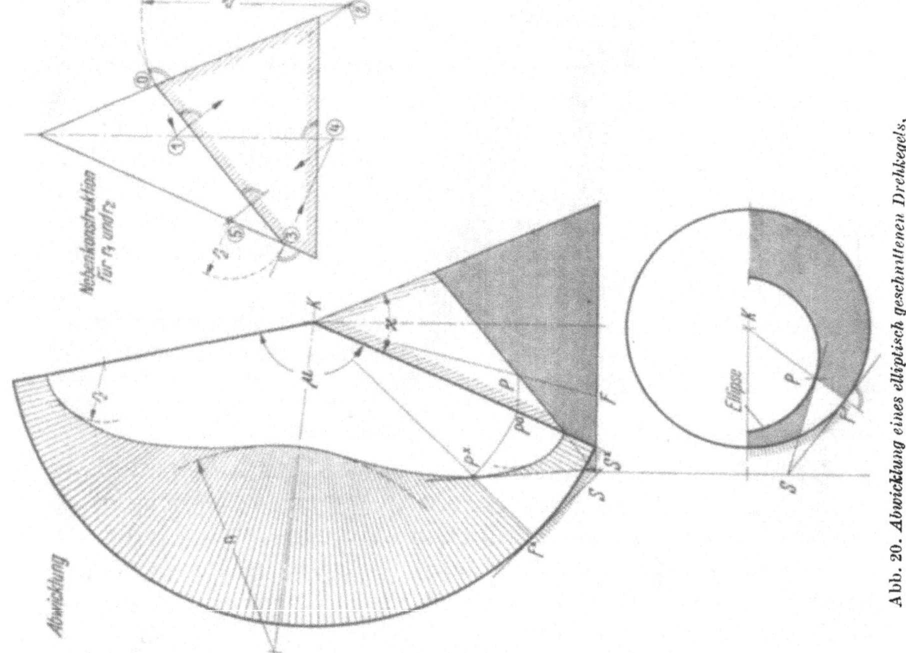

Abb. 20. *Abwicklung eines elliptisch geschnittenen Drehkegels.*

wechselnden Neigung und Verkürzung der Mantelgeraden umständlich und verlangt sorgfältiges Zeichnen. Es empfiehlt sich, die wichtigsten Bereiche – den Kurvenscheitel und den Kurvenbeginn – genau zu bestimmen, dann genügt es gewöhnlich, dazwischen nur wenige Kontrollpunkte aufzusuchen. Alles weitere zeigen die Abb. 20, 21 und 22.

Der Linienverlauf des Schrägschnittes in der Abwicklung wird bei parabolisch und hyperbolisch geschnittenen Kegeln vom Scheitel weg immer flacher, ohne jemals gerade zu werden.

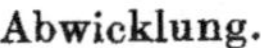

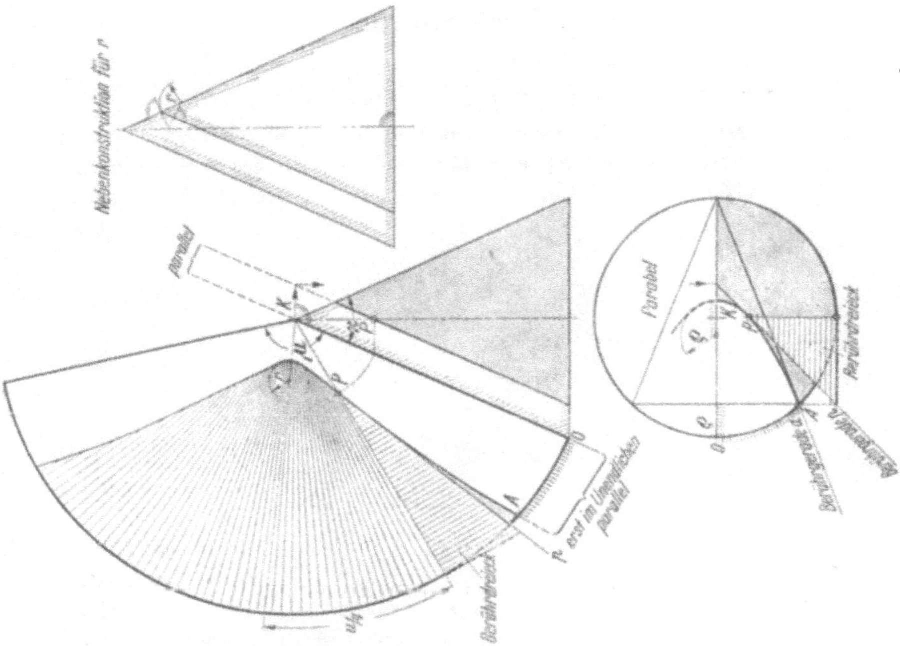

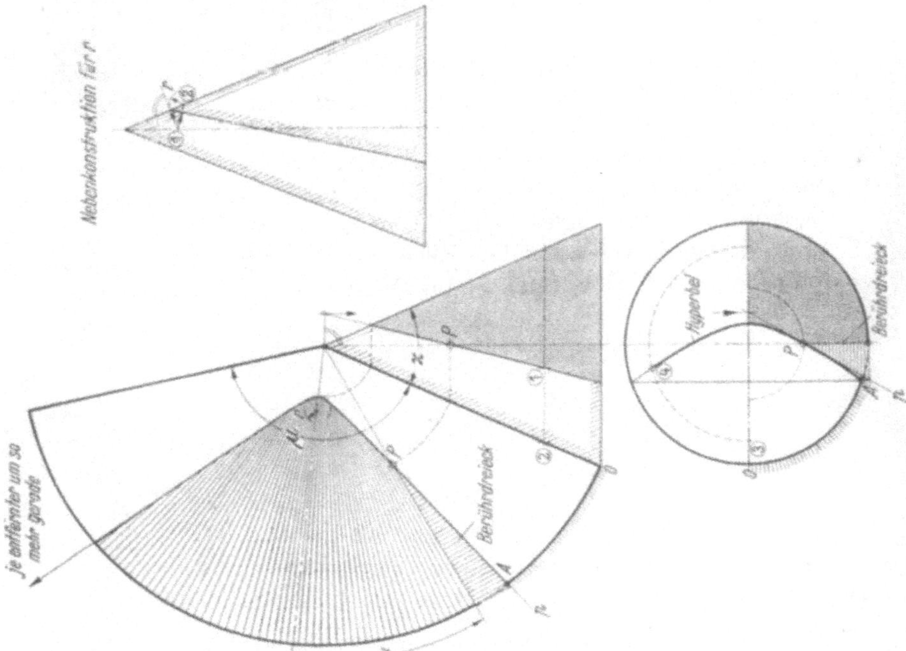

Abb. 21. Abwicklung eines hyperbolisch geschnittenen Drehkegels.

Abb. 22. Abwicklung eines parabolisch geschnittenen Drehkegels.

3. Umlenkungen.

Beispiel 16: *Kegelige Umlenkung.*

Wie bei Zylindern ergibt sich auch bei Kreis- und elliptischen Kegeln auf einfachste Weise eine Umlenkung: wir schneiden den Kegel unterm Winkel α zur Achse und setzen beide Kegelteile gegeneinander um 180° verdreht wieder aufeinander. Wir stellen dann fest:

1. Die Kegelachse ist um 2α geknickt.
2. Die Schnittfläche ist eben und hat Ellipsenform;
3. Ober- und Unterteil haben den gleichen Öffnungswinkel $\varkappa_1$.
4. Die Schnittebene geht *nicht* durch den Achsenknickpunkt.

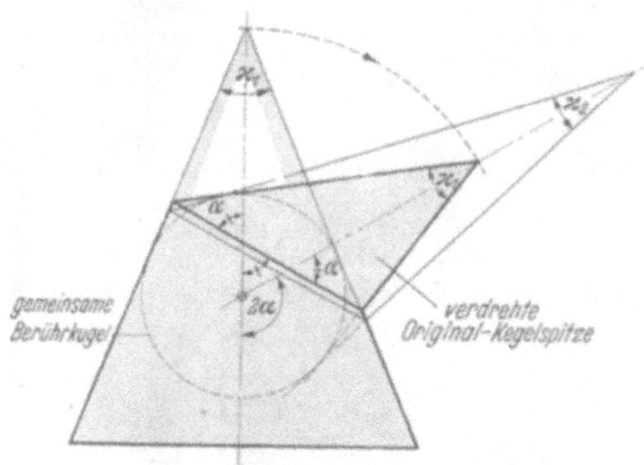

Abb. 23. *Kegelige Umlenkung.* Achse unter dem Winkel α geschnitten und um 2α geknickt.

Beispiel 17: *Kegelige Umlenkung mit geändertem Kegelwinkel* (Abb. 23 und 24).

Läßt man die Kegelspitze K auf der geknickten Achse wandern, so ändert sich im Oberteil der Kegelwinkel von $\varkappa_1$ in $\varkappa_2$. Wenn dabei das Oberteil ein Drehkegel bleiben soll — das ist wohl immer wünschenswert —, muß sich dabei auch die Lage der Schnittfläche etwas ändern. Nur wenn diese Lagenänderung zugelassen wird, ist sicher, daß die Schnittfläche wiederum eben und zugleich eine Ellipse ist.

In der Praxis spielen andere Kegel als Drehkegel kaum eine Rolle, so daß wir unsere Überlegungen auf Drehkegel beschränken können.

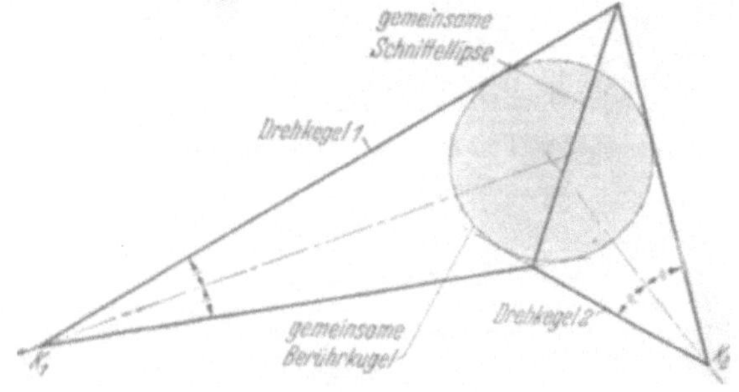

Abb. 24. *Zwei verschiedene Drehkegel mit gemeinsamer Berührkugel.* Man beachte, daß die Schnittebene nicht durch den Kugelmittelpunkt geht, wenn nicht beide Kegelabschnitte gleich sind.

Für das Zeichnen dieser Umlenkungen ist es nützlich, wenn wir nach dem Beispiel 4 („mehrgliedriger zylindrischer Krümmer“) wieder von der Skelettlinie ausgehen und um ihre Knickstellen Hilfskugeln zeichnen. Diese Kugeln sind gewissermaßen die Gelenke einer gelenkig gedachten Skelettlinie; um die Kugeln herum legen sich von zwei Seiten her die Mantelflächen an. Mit Hilfe dieser Überlegung sind wir sicher, tatsächlich Drehkegel zu konstruieren bzw. als Durchdringungsfiguren ebene Ellipsen zu erhalten. Alle anderen Durchdringungen und Abwicklungen wären umständlicher zu konstruieren, als bisher gezeigt wurde.

4. Paarung von Kegeln mit Zylindern (= ungleichartige Paarung).

Wie bei der gleichartigen Paarung von Zylindern (S. 11) oder von Kegeln (S. 27) unterscheiden wir auch hier wiederum zweckmäßig zwischen dem allgemeinen Fall der beliebigen Paarung (Beispiel 18) und einem Sonderfall — Drehflächen mit sich schneidenden Achsen —, der in den Abb. 36 und 37 behandelt wird und eine besonders einfache Lösung in einem einzigen Riß bietet.

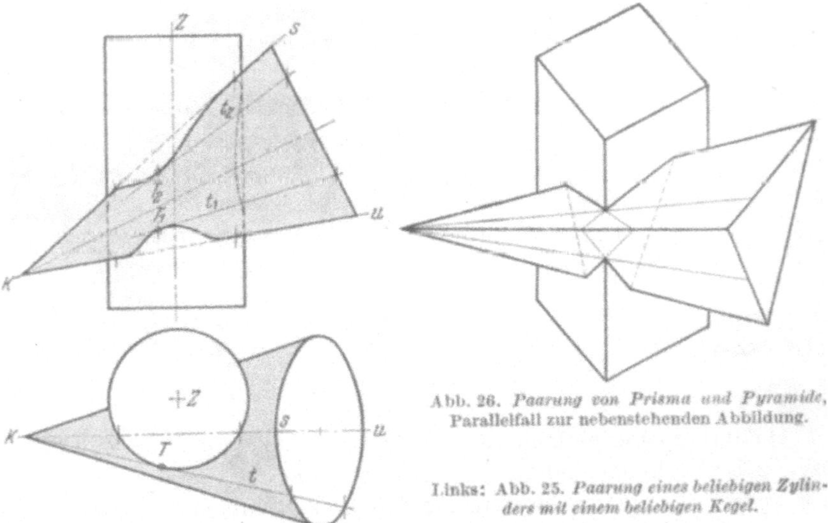

Abb. 26. *Paarung von Prisma und Pyramide,* Parallelfall zur nebenstehenden Abbildung.

Links: Abb. 25. *Paarung eines beliebigen Zylinders mit einem beliebigen Kegel.*

Beispiel 18: *Beliebige Paarung von Kegeln mit Zylindern.*

Zur Vorbereitung der Lösung drehen wir beide Körper — wie das Zylinderpaar im Beispiel 8 — als Ganzes möglichst günstig, nämlich beide Achsen parallel zur Zeichenebene, und eine davon, die Zylinderachse, außerdem noch senkrecht zu einem der drei Risse.

Eine der beiden Flächen — möglichst der Kegelmantel — wird durch Mantellinien dargestellt. Dann werden der Reihe nach für genügend viele

Mantellinien die Durchstoßpunkte mit der Zylinderfläche bestimmt. Wie die Durchstoßpunkte zeichnerisch gefunden werden, wird im Anhang, Seite 59, gezeigt. Die Verbindung aller Durchstoßpunkte ist die gesuchte Überschneidung. – Das Gegenstück zur Paarung von Zylindern mit Kegeln ist die Paarung zwischen Prisma und Pyramide.

Auf die richtige Reihenfolge der Mantellinienbezifferung im Grund- und Aufriß ist sorgfältig zu achten.

Beispiel 19: *Hosenrohre.*

Hosenrohre sind Gabelungen mit Querschnittsänderung. Für die Art der Änderung gibt es keine Vorschrift, demnach tut man gut, sich eine besonders praktische zurechtzulegen. Wir bleiben deshalb möglichst bei Kreisquerschnitten.

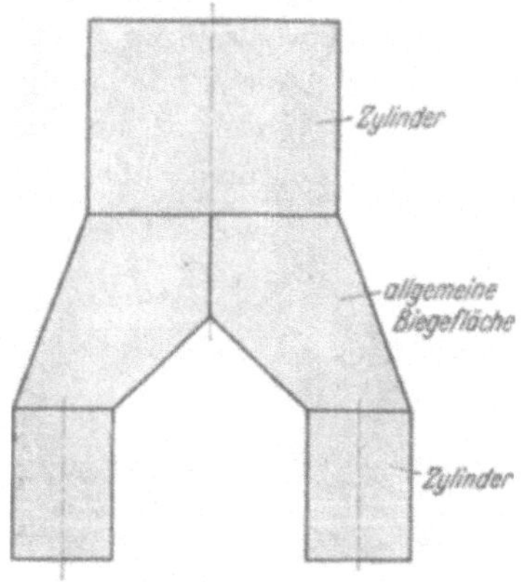

Abb. 27. *Hosenrohr*, aus beliebigen Biegeflächen zusammengesetzt.

Eine vernünftige Annahme über die Rohrweiten vor und nach der Gabelung ist folgende:

1. Es fließt durch den weiten Querschnitt ($= r_1^2\pi$) so viel zu, wie unten abfließt.

2. Die Querschnitte der beiden Abzweigungen sind gleich (je $r_2^2\,\pi$).

3. Die Summe der Abzweigquerschnitte ist gleich dem Zulaufquerschnitt. Wenn angenommen wird, daß dies richtig ist, folgt daraus:

$$2\,r_2^2\,\pi = r_1^2\,\pi\,,$$

und daraus

$$r_2 = r_1/\sqrt{2} = 0{,}7\,r_1\,.$$

Weiterhin ist es einfach und vernünftig anzunehmen, das Zulaufrohr sei ein Drehzylinder und auch der Ablauf münde in runde Rohre. Somit bleibt noch über, für das fehlende Stück eine einfache Annahme über die Art der Übergangsstücke zu machen. Dieser Übergang sei auf alle Fälle „gerade“, d. h. eine abwickelbare Fläche. Aus dem Bisherigen wissen wir, daß sich der Körper, den diese Biegefläche umhüllt, auf alle Fälle in Strömungsrichtung verjüngt. Über den Körperumriß machen wir zwei Annahmen und untersuchen sie getrennt:

1. Die Querschnitte des großen Rohres und der kleinen Rohre sind Kreise. Infolgedessen ist der Übergangskörper – wegen der schrägen Achse – kein Drehkegel, sondern höchstens ein schiefer Kreiskegel. Der

Mantel könnte aber auch eine allgemeine Biegefläche darstellen. Diese Annahme ist für den Konstrukteur die unpraktischere. Ihre zeichnerische Lösung wird im Abschnitt „Allgemeine gerade Übergangsflächen“, S. 34, eingehend behandelt.

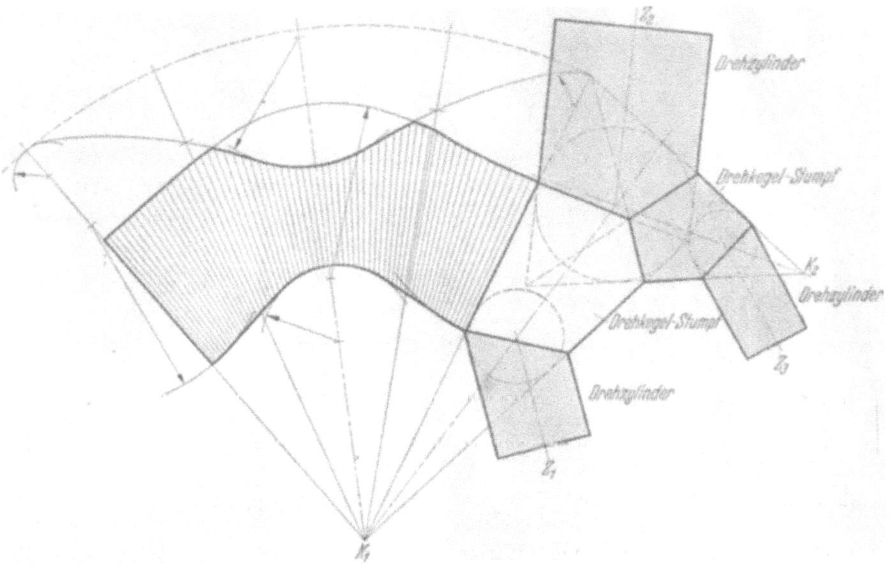

Abb. 28. *Hosenrohr*, aus Drehflächen zusammengesetzt. Die Scheitelkrummungsradien wurden nach der Anleitung Abb. 59 konstruiert.

2. Die Endquerschnitte sind Ellipsen und liegen so, daß der dazwischenliegende Übergangskörper ein Teil eines Drehkörpers ist. Diese Annahme vereinfacht das Zeichenverfahren, insbesondere das Abwickeln, ganz besonders. Sie wird in Abb. 28 gezeigt. Der scheinbar verzwickte Zuschnitt der Abwicklung ergibt sich bei näherer Betrachtung einfach als Überlagerung zweier Wellenlinien, die wir jede für sich durch Einengen zwischen ihren Scheitelkreisen aufzeichnen. Im Prinzip ist uns diese Überschneidung bereits vom Beispiel 7 her bekannt.

5. Paarung von Kegeln (= gleichartige Paarung).

Wie bei den Zylindern unterscheiden wir auch hier zwischen dem allgemeinsten Fall (Paarung von Kegeln mit beliebiger Querschnittsform bei beliebiger gegenseitiger Lage der Achsen, Beispiel 20) und einem Sonderfall (Paarung von Drehkegeln mit sich schneidenden Achsen, Abb. 34 und 35).

Beispiel 20: *Paarung von Kegeln bei beliebiger Lage der Achsen.*

Im vorliegenden Beispiel ist angenommen, daß beide Kegel eine gemeinsame Basisebene besitzen. Diese Annahme stellt den bequemsten

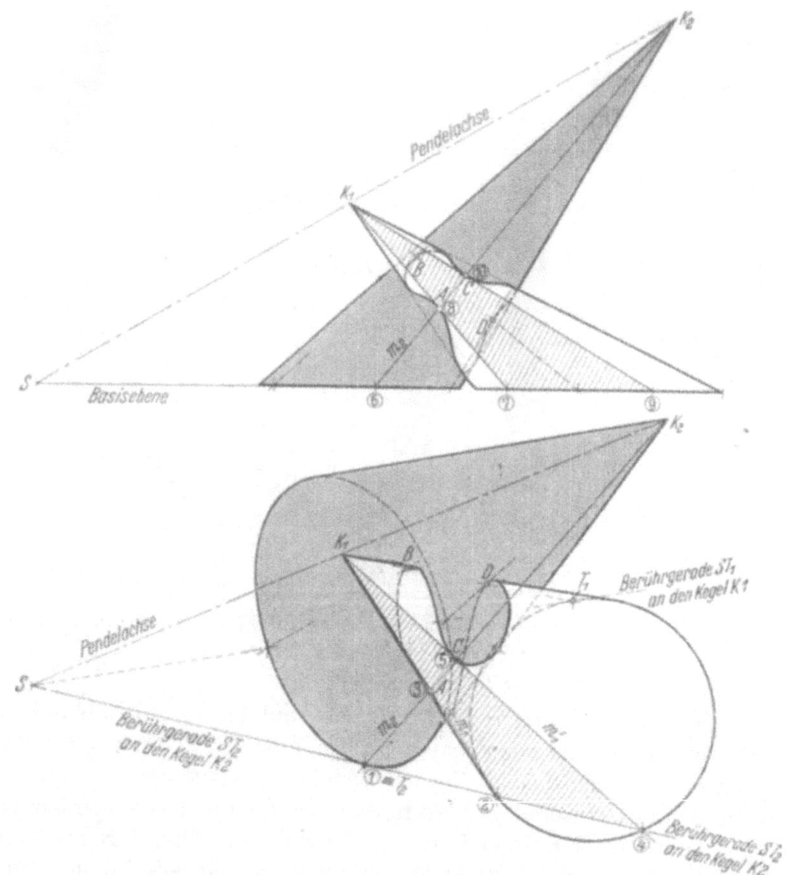

Abb. 29a. *Paarung beliebiger Kegel* (vgl. Prinzip Abb. 10a), Einengen der Überschneidung durch den Berührschnitt ST_1 an Kegel 1 und den Berührschnitt ST_2 an Kegel 2. Diese Konstruktion liefert die vier tiefsten Eindringpunkte A, B, C, D. Die Mantellinien dieser Punkte sind Berührgeraden an die Schnittkurve.

Fall dar; trifft er nicht zu, so führen wir ihn durch einen Schnitt durch beide Kegel künstlich herbei oder – wenn dann die Zeichenverhältnisse ungünstig werden – wir bringen die erweiterten Basisflächen beider Kegel zum Schnitt und arbeiten dann mit einer geknickten Bezugsebene. In diesem Fall drehen wir das Flächensystem so, daß der Knick der Bezugsebene senkrecht zur Zeichenebene verläuft.

Die Flächendurchdringung läßt sich hier einfacher finden als im Beispiel der Zylinder. Wir wählen die Verbindung $K_1 K_2$ der Kegelspitzen als Achse von Pendelschnitten. Jeder Pendelschnitt, der beide Kegelflächen

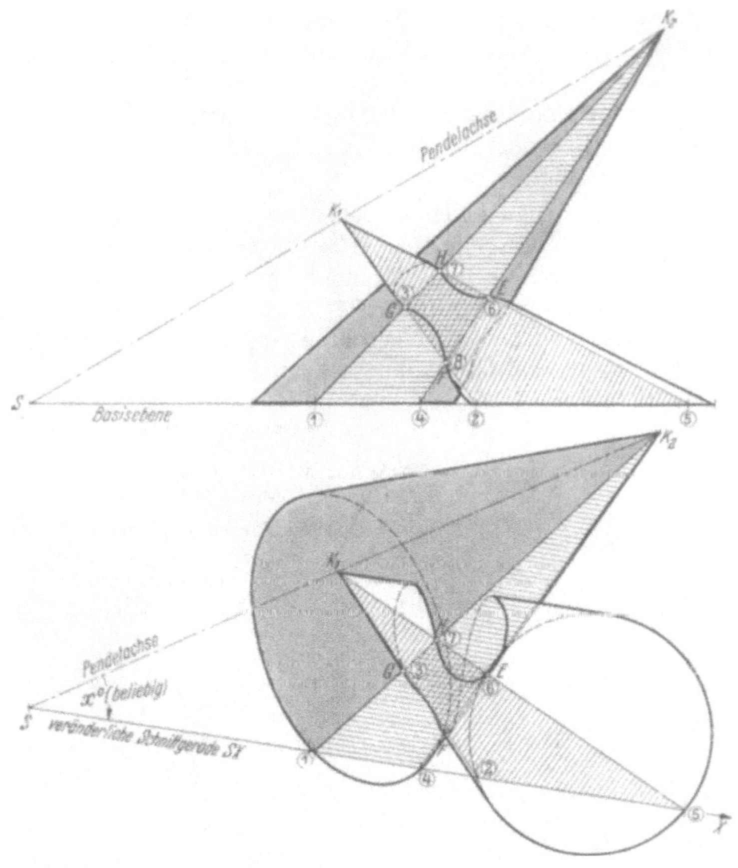

Abb. 29b. *Paarung beliebiger Kegel* (vgl. Prinzip Abb. 10b), punktweise Konstruktion der Durchdringungskurve. Die Pendelschnitte durch K_1K_2 erzeugen Dreiecke, die sich in E, F, G, H kreuzen, ihre Basis liegt auf SX.

schneidet, liefert zwei sich kreuzende Dreiecke K_1 (2) (5) × K_2 (1) (4), deren vier Schnittpunkte E, F, G, H Punkte der gesuchten Überschneidung sind. Rückblickend auf die entsprechende Lösung bei Zylindern (Beispiel 8) erinnern wir uns, daß sich dort die Schnittpunkte P, Q, R, S durch Kreuzen von Parallelogrammen (im Sonderfall Rechtecke, im allgemeinen Fall Trapeze) ergaben.

III. Paarung von Drehflächen, deren Achsen sich schneiden.

In vorausgegangenen Beispielen wurde bei Drehzylindern und Drehkegeln wiederholt auf Paarungen verwiesen, bei denen sich die Drehachsen schneiden. Die einfachsten der dabei entstehenden Durchdringungskurven sind Kreise und Ellipsen. Sie sind nicht nur als Umriß besonders einfach, sondern vor allem sind sie eben und erscheinen darum im Seitenriß geradlinig.

Wie es sich schon an anderen Stellen erwiesen hat (vgl. Abb. 5, 6, 9, 23, 24, 28), ist die Überschneidung zwischen abwickelbaren Drehflächen immer dann eben, wenn z. B. die Zylinder gleichen Durchmesser besitzen oder — allgemeingültig ausgedrückt —, wenn die beiden sich paarenden Flächen eine gemeinsame Kugel berühren (vgl. Abb. 33, 35, 37). In allen anderen Fällen, wo sich also Drehachsenpaare schneiden, aber keine gemeinsame Berührkugel eingezeichnet werden kann, ist die Durchdringungskurve uneben (räumlich gekrümmt). Diesen Fällen gilt in den folgenden Beispielen unsere besondere Aufmerksamkeit. Als sehr elegante Lösung hat sich dabei das Verfahren von ULRICH GRAF[1] erwiesen. Es benötigt lediglich *einen* Riß und arbeitet rasch und genau. Das folgende Beispiel ist dazu eine Einleitung.

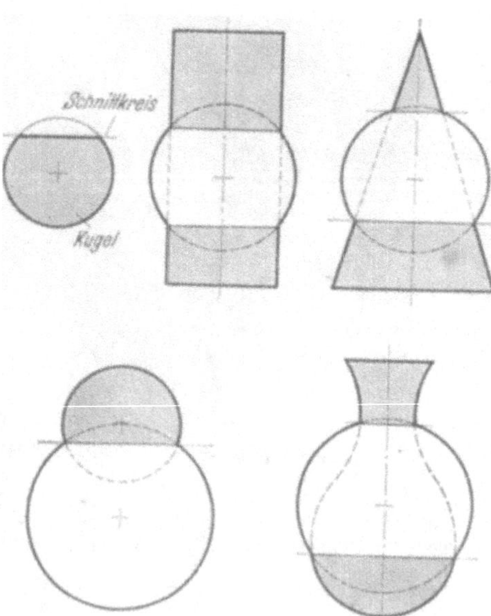

Abb. 30. *Drehkörper, axial von einer Kugel durchdrungen.* Die Schnittkreise erscheinen im Seitenriß als Geraden.

Beispiel 21: *Zentrische Paarung von Drehflächen mit Kugeln.*

Wir bringen folgendes in Erinnerung:

1. Alle ebenen Schnitte an Kugeln sind Kreise.

2. Im Seitenriß bildet sich jede Kugel als Kreis ab und jeder ebene Kugelschnitt — bei geeigneter Projektionsrichtung — als eine Gerade.

[1] GRAF, ULRICH: Darstellende Geometrie, Heidelberg: Quelle & Meyer.

3. Zwei Kugelschnitte ergeben zwei Kreise. Wenn sie sich schneiden, stimmen sie in den Sehnenlängen überein. Bei geeigneter Projektion verkürzt sich die Sehne $S_1 S_2$ zum Punkt S_{12}, der als Schnitt zweier Geraden erscheint. Man beachte, daß die Schnittgerade $S_1 S_2$ auch nach außerhalb der Kugel wandern kann.

4. Jeder ebene Schnitt senkrecht zur Achse einer beliebigen Drehfläche ist ebenfalls ein Kreis und erscheint wiederum im Seitenriß als Gerade. Andererseits kann dieser Kreis aber auch als Schnitt einer Kugel aufgefaßt werden, deren Mittelpunkt auf der Drehachse liegt.

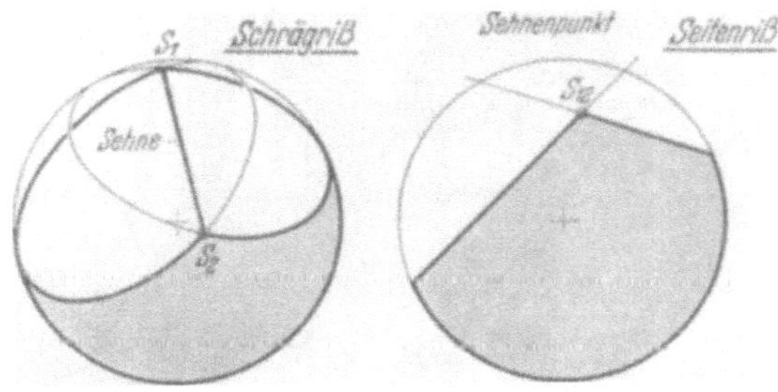

Abb. 31. *Von zwei Ebenen geschnittene Kugel.*

Die Schnittkreise haben gewöhnlich zwar verschiedene Durchmesser, stimmen aber in der Sehnenlänge überein. An diese Selbstverständlichkeit sollte man sich beim Studium der Abb. 32, 34 und 37 erinnern.

Beispiel 22: *Paarung von Drehzylindern und Drehkegeln, deren Achsen sich schneiden.*

Wir denken uns den Achsenschnittpunkt als Mittelpunkt von Kugeln mit veränderlichem Durchmesser. Jede dieser Kugeln — es ist zur besseren Übersicht in jedem Beispiel nur eine einzige gezeichnet — schneidet nach dem Beispiel 21 von jeder der beiden Drehflächen einen Kreis aus. Beide Kreise, mindestens aber ihre Schnittebenen, überschneiden sich längs einer Sehne bzw. Geraden $S_1 S_2$. Sie erscheint im Seitenriß als Punkt S_{12} und stellt einen Punkt der Überschneidungslinie beider Drehflächen dar.

Nach diesem Verfahren können auch die Durchdringungen von nicht abwickelbaren Drehflächen gefunden werden, sofern sich die Drehachsen schneiden (Abb. 76, 77, 78).

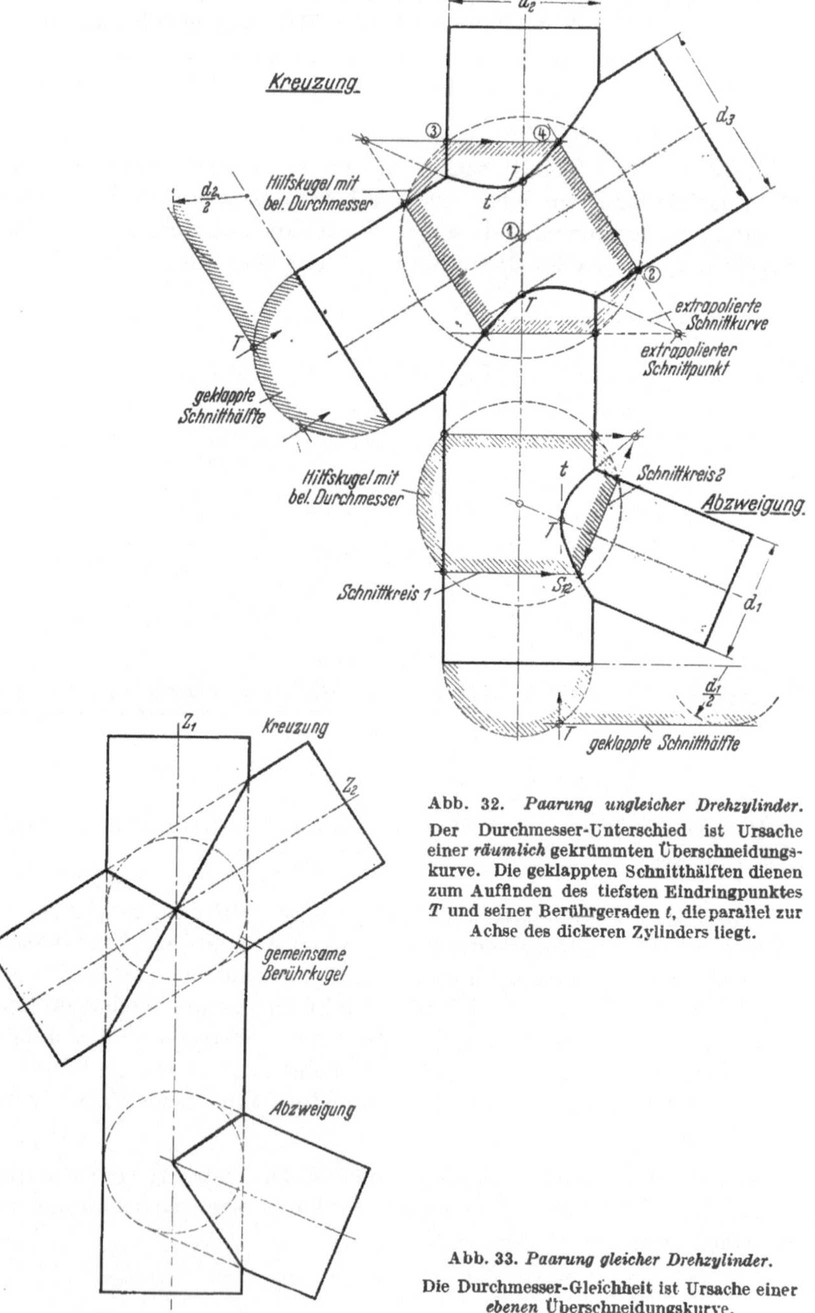

Abb. 32. ***Paarung ungleicher Drehzylinder.*** **Der Durchmesser-Unterschied ist Ursache einer *räumlich* gekrümmten Überschneidungskurve. Die geklappten Schnitthälften dienen zum Auffinden des tiefsten Eindringpunktes T und seiner Berührgeraden t, die parallel zur Achse des dickeren Zylinders liegt.**

Abb. 33. ***Paarung gleicher Drehzylinder.*** **Die Durchmesser-Gleichheit ist Ursache einer *ebenen* Überschneidungskurve.**

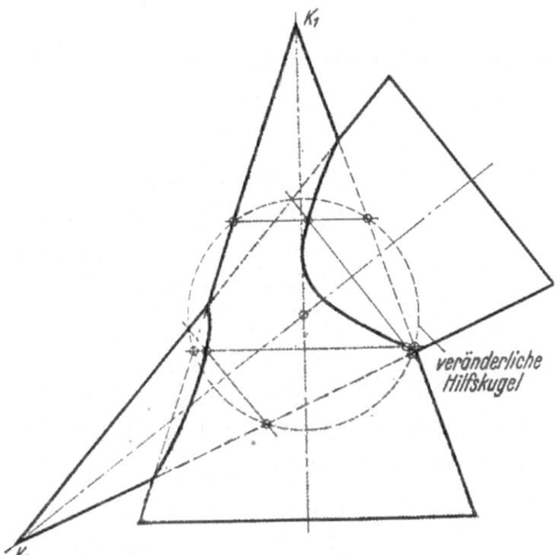

Abb. 34. *Paarung von Drehkegeln.* Bei beliebiger Eindringtiefe ergibt sich ein getrenntes Kurvenpaar mit räumlicher Krümmung.

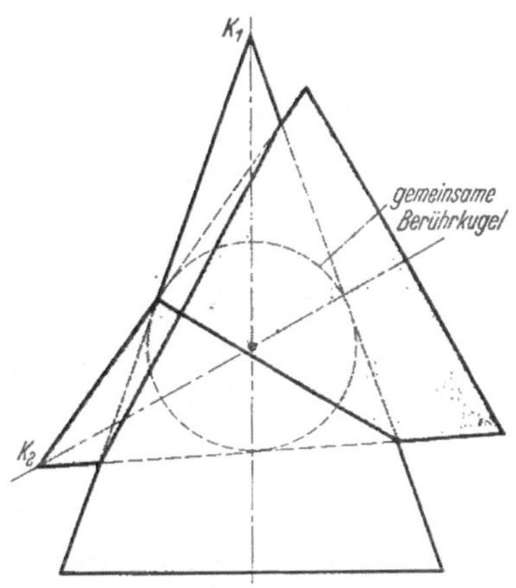

Abb. 35. *Paarung von Drehkegeln mit gemeinsamer Berührkugel.* Das Kurvenpaar schneidet sich, ist eben und stellt Ellipsen dar.

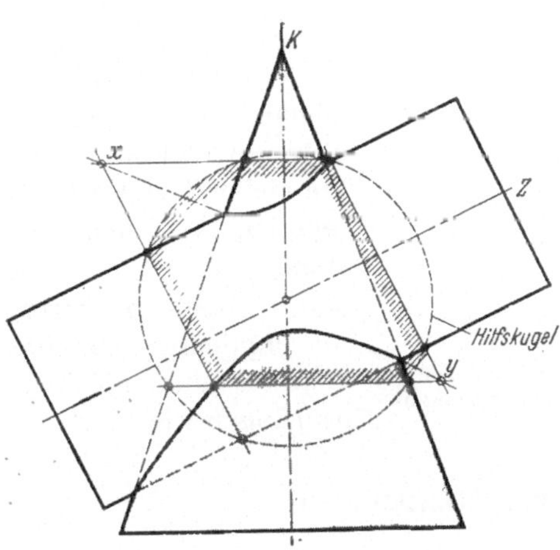

Abb. 36. *Paarung eines Drehkegels mit einem Drehzylinder.* Das Fehlen einer gemeinsamen Berührkugel ist Ursache eines getrennten Überschneidungskurvenpaares mit räumlicher Krümmung. – Die Überschneidungskurven können auch außerhalb der beiden Flächen fortgesetzt werden – extrapolierte Punkte X, Y –, diese Kurvenäste haben jedoch nur als Zeichenhilfe bzw. Zeichenkontrolle Bedeutung.

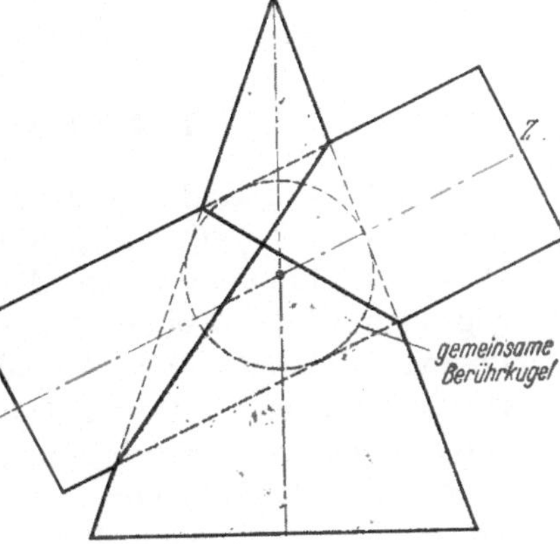

Abb. 37. *Paarung eines Drehkegels mit einem Drehzylinder.* Die Kegeleindringtiefe ist so gewählt, daß beide Flächen eine Kugel um den Achsenschnittpunkt berühren, deren Durchmesser gleich den Zylinderdurchmesser ist. Das Kurvenpaar schneidet sich deshalb, ist eben und stellt Ellipsen dar.

IV. Allgemeine gerade Übergangsflächen.

(Allgemeine Biegeflächen.)

Gerade Übergangsflächen leiten auf kürzestem (geradem) Weg von einer Querschnittsform über zu einer beliebigen anderen und sind abwickelbar. Zylinder- und Kegelflächen sind Sonderfälle dieser Flächen. Während bei diesen die zeichnerische Bestimmung der Umrisse, Schnitte, Durchdringungen und Abwicklungen verhältnismäßig einfach ist, weil alle Mantellinien parallel sind oder sich in einem einzigen Punkt schneiden, ist bei den sog. allgemeinen Biegeflächen die Bestimmung hinreichend vieler Mantellinien erheblich umständlicher. Sind die Mantellinien gefunden, so ergeben sich die Schnitte und Flächenpaarungen wie bisher.

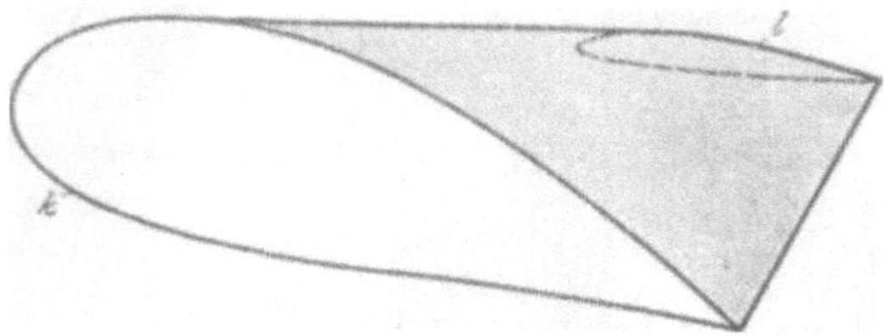

Abb. 38. *Tragflügel mit abwickelbarer Beplankung.* Praktisches Beispiel einer allgemeinen Biegefläche („gerade Übergangsfläche"); die geometrisch unähnlichen Umrisse der Außen- und Innenrippe als Randlinien k, l.

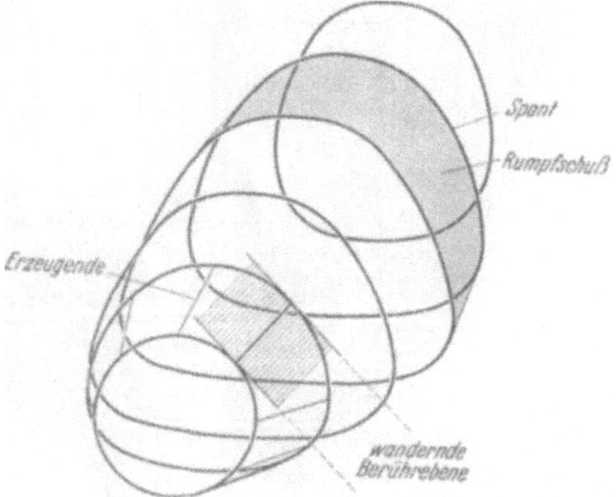

Abb. 39. *Serienschnitte durch einen Flugzeugrumpf.* Die Schnitte zerlegen die gewölbte Gesamtoberfläche in abwickelbare Abschnitte, sog. Rumpfschüsse.

1. Auffinden von Mantellinien.

Seit langem sind Lösungsverfahren in Gebrauch, die ungenügend sind, weil sie Biegeflächen in Wirklichkeit durch Sattelflächen ersetzen. Diese Verfahren und ihre Fehler sind auf Seite 62 erläutert. Im folgenden wird an einer Reihe von Beispielen eine exakte, einfache Lösung mitgeteilt. Um Aufgabe und Lösung klar herauszuschälen, schaffen wir einen Einheitstyp der Übergangsfläche, indem wir sie durch vier Randlinien begrenzen: ein Kurvenpaar k, l und – wenn nötig – ein Mantellinienpaar a, z. Mit diesen vier Bestimmungsstücken bauen wir nach Augenmaß Faltmodelle aus Karton (vgl. Seite 63) und untersuchen Einzelfälle, bei denen wir an Lage und Form des Kurvenpaares k, l wechselnde Bedingungen knüpfen. Die gegenseitige Lage des Geradenpaares a, z ist hingegen ohne Bedeutung. Die gemeinsame Aufgabe dieser Untersuchungen besteht darin, nach exaktem Verfahren die Lage beliebiger bzw. beliebig vieler Erzeugenden zu finden.

Beispiel 23: *Randlinien in parallelen Ebenen.*

Wir gehen vom Versuch an einem Kartonmodell entsprechend Abb. 40 bzw. nach Seite 63, Modell 81a aus. Die Ränder k, l markieren die Biegefläche. Durch Hin- und Herwiegen der Attrappe auf einer Tischebene $\mathfrak{E}_{m \times p}$ kann die Biegefläche abgewickelt werden. In jeder Stellung berühren sich Tisch und Randlinien in einem Punktepaar P, Q. Diese Punkte legen eine sich fortschreitend ändernde Gerade fest, eine wandernde Mantellinie m, welche die Biegefläche gewissermaßen erzeugt.

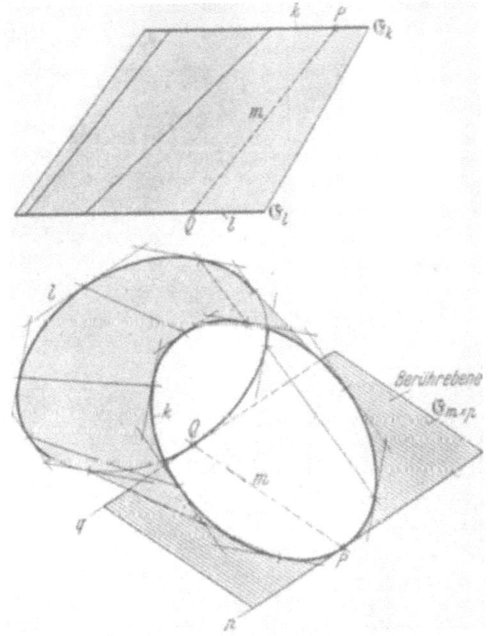

Abb. 40. *Biegefläche mit Randlinien k, l in parallelen Ebenen* $\mathfrak{E}_k, \mathfrak{E}_l$. Gesucht ist eine Mantellinie m. Die beiden, die Randlinien einhüllenden Vielecke sind verschieden, die zu gleichen Mantelgeraden gehörenden Berührgeraden p, q sind immer parallel. — Bedeutung der Abkürzungen vgl. S. 44.

Nach unserer Voraussetzung sind die Ebenen $\mathfrak{E}_k$, $\mathfrak{E}_l$, in denen k und l liegen, parallel, daher sind auch ihre Schnittlinien p, q mit einer dritten Ebene, der Tischebene $\mathfrak{E}_m$, parallel. Damit ist die gesuchte Zeichenvorschrift, Mantellinien einer allgemeinen Biegefläche zu bestimmen, gefunden: Wir hüllen das Randlinienpaar k, l durch eine Schar *paralleler* Berührgeraden p, q ein und zeichnen durch Verbinden zueinandergehöriger Berührpunkte P, Q die jeweiligen Mantelgeraden m.

Beispiel 24: *Randlinien mit Ecken oder geraden Strecken* (Abb. 41).

Die Randlinien k, l liegen wie im vorigen Beispiel wieder in parallelen Ebenen. Wie wirken sich Ecken oder gerade Strecken auf die Flächenbiegung aus? Wir fertigen Kartonmodelle nach Anhang, Seite 63, Beispiel 81 c, an und untersuchen daran den Abwälzvorgang.

Ergebnis:

1. Jeder geraden Strecke g in der Randlinie l entspricht mindestens *ein* Berührpunkt H einer zu g Parallelen, h, welche k berührt. Die Strecke g und der ihr zugeordnete Gegenpunkt H bestimmen ein *Dreieck*.

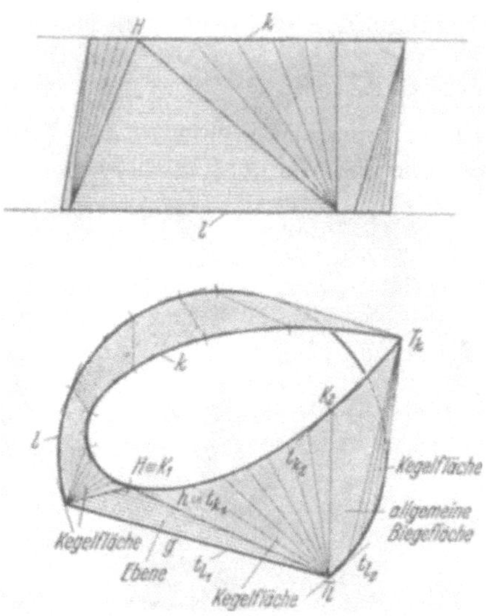

Abb. 41. *Eckeneinfluß auf die Zusammensetzung der Biegefläche.* Gesucht ist die Lage der Mantellinien. Jeder Ecke entspricht als Teilfläche ein Kegelmantel, jedem geraden Randlinienstück entspricht als Teilfläche eine Dreiecksebene.

2. Jede Ecke T_l einer Randlinie l besitzt zwei Berührgeraden t_{l1}, t_{l2}, denen nach der Feststellung 1. an der Randlinie k zwei zu ihnen parallele Berührgeraden t_{k1}, t_{k2} bzw. die Berührpunkte K_1, K_2 entsprechen. Das Kurvenstück von K_1 bis K_2 und der ihm zugeordnete Gegenpunkt auf l, T_l, bestimmen eine *Kegelfläche*.

3. Der Übergang von der allgemeinen Biegefläche zur Kegelfläche ist ohne Knick.

4. Der Übergang von der Biegefläche in die Dreiecksebene weist keinen Knick auf, nur der Krümmungsradius wechselt unvermittelt auf unendlich (vgl. Abb. 43).

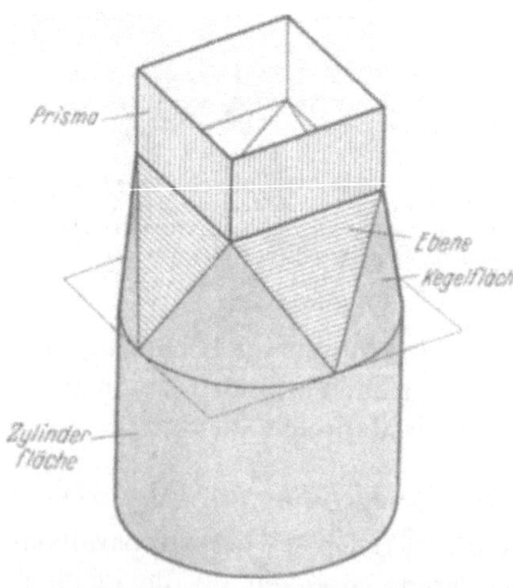

Abb. 42. *Anwendungsbeispiel: Übergang zwischen Prisma und Zylinderfläche.* Der Übergang zwischen Kegelfläche und Dreiecksebene ist ohne Knick.

Beispiel 25: *Abwickelbare Flächen mit Schneiden* (Abb. 43 u. 45).

Wird in Abb. 40 oder 41 eine der beiden geschlossenen Randlinien zu einer einzigen Linie zusammengekniffen, so entstehen Biegeflächen mit einer Schneide, die gerade oder beliebig sein kann. Nach dem Bisherigen ist es nicht schwierig, auch hierfür die Mantellinien zu zeichnen. Wichtig für ihre Konstruktion sind die Erkenntnisse des vorigen Beispiels. Überschneiden sich dabei die Kegelflächen, so kann die Durchdringung leicht mit Hilfe von Pendelschnitten (vgl. Beispiel 20) gefunden werden.

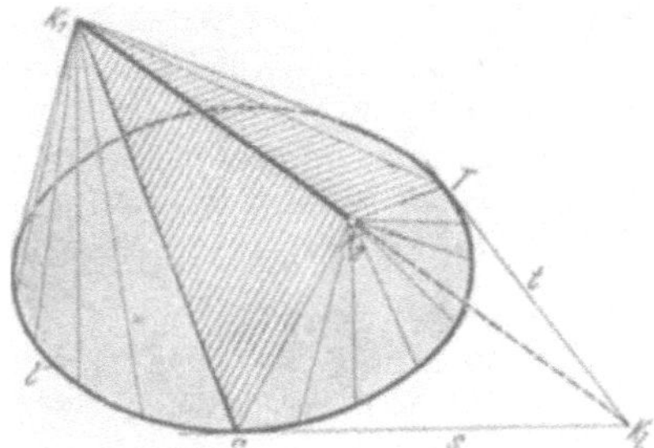

Abb. 43. *Biegefläche mit gerader Schneide.* K_1 ist der Durchstoßpunkt der geraden Randlinie k („Schneide") mit der Ebene $\mathfrak{E}_2$. s und t sind die Berührgeraden von K_1 aus an die Randlinie 1; ihre Berührpunkte S, T sind die gesuchten Fußpunkte der dreieckigen Teilflächen.

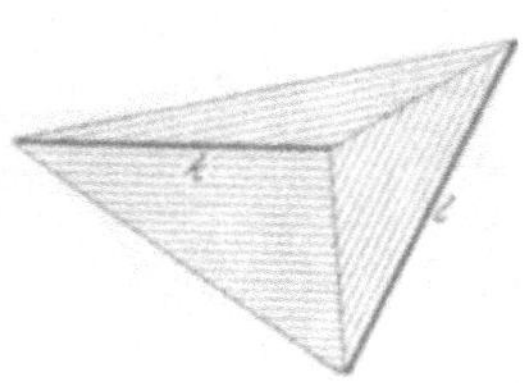

Abb. 44. *Sonderfall: Beide Randlinien k, l sind gerade.* Das Ergebnis ist eine Pyramide.

Die in Abb. 45 dargestellte Fläche ist unterteilt in eine allgemeine Biegefläche *I*, zwei Kegelflächen *IIa*, *IIb* sowie eine Biegefläche *III*, deren Randlinienpaar K_1–K_2 und L_1–L_2 jedoch entgegengesetzt gekrümmt ist. Das Beispiel zeigt, wie wertvoll für die Flächenaufteilung in verschiedene Biegebereiche das Aufsuchen der Grenztangenten s, t in Endpunkten oder Ecken der Randlinien ist. Eine Fläche der Gattung *III* lernten wir bereits in Abb. 1d als Mantel eines Doppelkegels kennen. Mehr und allgemein Gültiges über diese Fläche zeigt am besten ein Versuch mit Modellen nach den Angaben auf Seite 63. Wegen der Schwierigkeit, sich die Gesetzmäßigkeit derartiger Flächen vorzustellen, wird gerade hier zu Modellversuchen geraten.

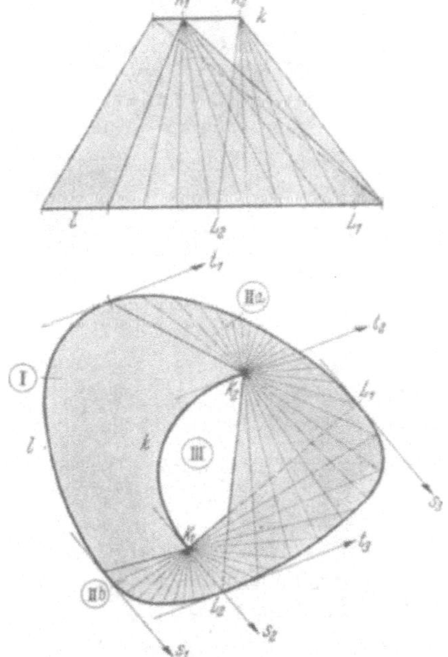

Abb. 45. *Schneideneinfluß auf die Zusammensetzung der Biegefläche.* Die Endpunkte der Schneide ergeben, wie im Beispiel Abb. 41, als Teilflächen Kegelmäntel. Durch mehrfache Flächenüberschneidungen besonders interessant ist jenes Flächengebiet, das der hohlen Seite der Schneide k entspricht. Zur Klärung der schwierigen Verhältnisse fertige man ein Drahtmodell der Randlinien k, l an und rolle es auf einer Ebene ab.

Beispiel 26: *Randlinien in nichtparallelen Ebenen.*

Wir gehen vom Kartonmodell 81i, Seite 63, aus. Wir denken uns die nach Voraussetzung gegeneinander geneigten Ebenen $\mathfrak{E}_k$, $\mathfrak{E}_l$ so weit erweitert, bis sie sich schneiden; dies ergibt die Gerade s_{kl}. — Bekanntlich schneiden sich zwei nichtparallele Ebenen immer längs einer *Geraden* und drei nichtparallele Ebenen immer in einem *Punkt*. Von dieser scheinbar so selbstverständlichen Tatsache machen wir nun Gebrauch:

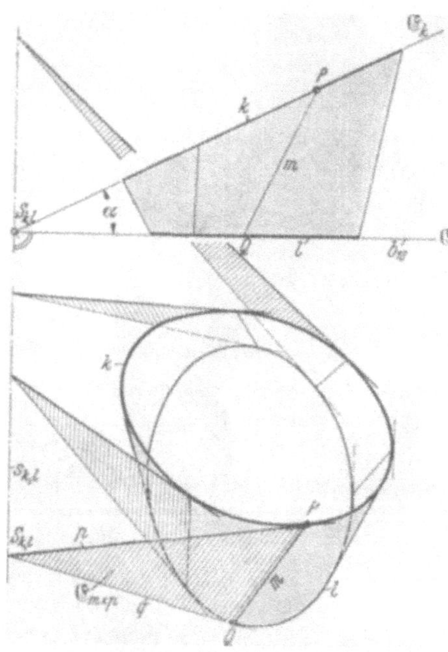

Abb. 46. *Biegefläche mit Randlinien k, l, deren Ebenen $\mathfrak{E}_k$, $\mathfrak{E}_l$ sich schneiden.* Zu einer bestimmten Mantelgeraden m gehörende Berührgeraden p, q sind nicht parallel, sondern schneiden sich auf der Schnittgeraden $s_{k,l}$, der Ebenen $\mathfrak{E}_k$, $\mathfrak{E}_l$.

Jede Berührebene $\mathfrak{E}_{m\times p}$ an die beiden Randlinien k, l muß demnach die Ebenen $\mathfrak{E}_k$, $\mathfrak{E}_l$ in einem Punkt S_{kl} treffen, der zwangsläufig auf der gemeinsamen Schnittgeraden s_{kl} wandert. Damit ist die gesuchte Zeichenvorschrift gefunden:

Wir hüllen das Randlinienpaar k, l ein durch Berührgeradenpaare, die nicht wie im Beispiel 23 parallel sind, sondern sich auf der Schnittgeraden $s_{k,l}$ schneiden. Die Verbindung der jeweiligen Berührpunkte P, Q stellt die wandernde Mantellinie m dar.

Zur Vereinfachung der Zeichenarbeit werden die Risse so gelegt, daß die Neigung α zwischen $\mathfrak{E}_k$ und $\mathfrak{E}_l$ unverkürzt ist und sich die Schnittlinie $s_{k,l}$ scheinbar zu einem Punkt $S_{k,l}$ verkürzt, im anderen Riß aber als Lot zur Bildkante b_{12} erscheint. — Die Bildkante b_{12} ist die Schnittkante zwischen Grund- und Aufriß. Nur bei schwierigen Aufgaben ist es üblich und notwendig, sie in die Zeichnung einzutragen.

2. Schlußbetrachtungen über Mantellinien.

Die Abb. 47 zeigt eine allgemeine Kegelfläche als Beispiel einer Biegefläche. Linien auf ihrem Mantel — vereinzelt auch Mantelgeraden — begrenzen bestimmte Krümmungsbereiche. Rückwärtsgehend beginnen wir nun mit den Randlinien, ihrer Form und Anzahl, um folgendes herauszufinden:

1. Wie viele Randlinien sind nötig, um eine Biegefläche nicht nur dem Umriß, sondern auch der Krümmungseigenart nach festzulegen? Wie wirkt sich dabei die Randlinienform aus?

2. Ist die Krümmung der durch diese Randlinien abgegrenzten Biegeflächen ein- oder mehrdeutig?

Zur 1. Frage:

Die Lage der Mantelgeraden, die eine Biegefläche erzeugen, bezüglich der Randlinien liegt dann fest, wenn die Geraden entweder in zwei Punkten (und in vorgeschriebener Weise) auf dem Rand aufliegen oder wenn die Geraden den Rand zwar nur in einem Punkt berühren, aber dafür ihre Richtungen durch eine Ergänzungsvorschrift festgelegt sind. Diese Einschränkung kann z. B. lauten: alle Erzeugenden sind parallel zu einer festgelegten Richtung; oder: alle Erzeugenden schneiden sich in einem einzigen Punkt.

Den 2. Fall, die Ein-Punkt-Berührung, lassen wir vorerst außer acht. Wir stellen fest, daß die Flächeneigenart nicht ausgesprochen von der Anzahl und Form der Randlinien abhängt. Die Richtigkeit dieser Behauptung läßt sich gut am Beispiel Abb. 47 nachprüfen:

Die durch Raster hervorgehobenen Flächenbereiche sind teils durch einzelne Randlinien, teils durch Randlinienpaare, teils durch eine Linie und einen Punkt K (= verkümmerte Linie) festgehalten. Die Linien sind eben oder räumlich gekrümmt, Kurven oder Geradenzüge, geschlossen bzw. sich überschneidend oder offen.

Die Flächenbereiche liegen innerhalb des gegebenen Beispiels soweit fest, als die erzeugenden Mantellinien *zwei* Punkte berühren. Welchen Randlinien die Berührpunkte angehören, ist gleichgültig.

Zur 2. Frage:

Abb. 48 zeigt eine räumlich gekrümmte Kurve. Sie kommt durch Überschneiden zweier beliebiger Biegeflächen $\mathfrak{B}_1$, $\mathfrak{B}_2$ zustande. Für jede Biegefläche ist eine Mantelgerade so eingezeichnet, daß sich beide Geraden im Kurvenpunkt P berühren. Aus dem Bisherigen wissen wir, daß diese Geraden die Randlinie in zwei Punkten in vorgeschriebener Weise — nämlich als Berührgeraden von Berührebenen — berühren müssen.

Rückläufig folgern wir, daß eine geschlossene Randlinie als Überschneidung mindestens zweier Biegeflächen aufgefaßt werden kann. Durch Ändern der Voraussetzung kann jedoch erreicht werden, daß beide Lösungen ohne Abgrenzung ineinanderfließen. Bei einer ebenen Randlinie ergibt die gemeinsame Lösung eine Ebene.

Das Beispiel Abb. 48 zeigt ferner eine von beliebig vielen Flächendeutungen $\mathfrak{B}_{\mathfrak{k}}$. Sie entsteht dadurch, daß die Mantellinien $m_{\mathfrak{k}}$ die gegebene Randlinie k nur in *einem* Punkt berühren und als Ausgleich für die fehlende zweite Berührung irgendeine Bedingung für die Richtung $\mathfrak{i}$ der Mantellinien erfüllen.

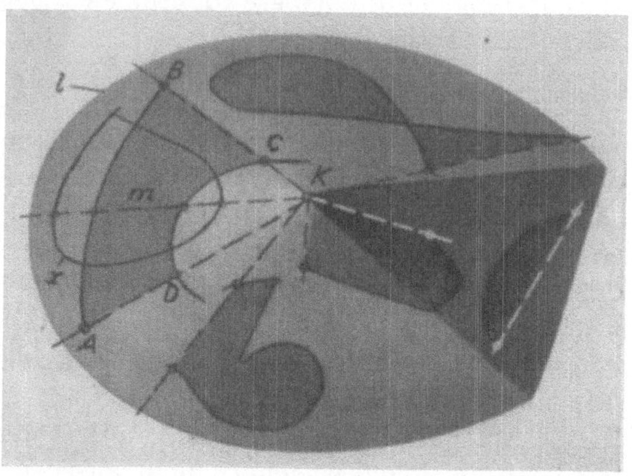

Abb. 47. *Wie geformt dürfen Randlinien sein, um eine Biegefläche zu beschreiben?*
Auf dem beliebigen Kegelmantel sind beliebige Linien eingezeichnet. Sie gelten als Randlinien kleinerer einzelner Biegeflächen, deren Krümmungsart als unbestimmt angenommen werden kann, wenn absichtlich von ihrer Lage auf dem großen Kegelmantel nicht Kenntnis genommen wird. Die gestrichelten Geraden sind mit einer Ausnahme die Grenzlagen der erzeugenden Mantelgeraden. Die Kegelgesamtfläche schließt auch eine Dreiecksebene ein, in ihr ist die Lage der Erzeugenden willkürlich. – Wie man sieht, sind Gestalt und Lage der Randlinien ohne Einfluß auf die Flächenkrümmung solange für eine 2-Punkte-Berührung jeder beliebigen Mantelgeraden gesorgt ist. So kann z. B. das Gelände zwischen A, B, C, D ebenso genau – wenn auch mit anderem Umriß – durch eine Abgrenzung entlang der Linie x beschrieben werden, die aus irgendeinem Grund vielleicht bequemer darzustellen ist.

Auch in scheinbar schwierigen Fällen gibt ein Stück Draht, das der Randform der Fläche nachgebildet ist und auf einer Ebene abgewälzt wird, immer mühelos und unmißverständlich eine Sofortauskunft über die Krümmung der zur Frage stehenden Biegefläche.

3. Schnitte.

Parallelschnitte sind bei Zylinder- bzw. Kegelflächen deckungsgleich bzw. geometrisch ähnlich. Wie verhält es sich damit bei den allgemeinen geraden Übergangsflächen? Um die Verhältnisse leichter zu überblicken, begrenzen wir die Biegefläche durch zwei parallele Stirnflächen I und II und betrachten einen Parallelschnitt X im Abstand m und n von I und II. Die Verteilung der Mantellinien sei nach dem Vorausgegangenen bereits ermittelt. Aus der Art, wie sich der Schnittumriß X aus Bestandteilen zusammensetzt, die an jene der Schnitte I und II erinnern, finden wir eine

Mischverwandtschaft zu beiden, die sich durch das Abstandsverhältnis $m:n$ ausdrücken läßt. Verständlicher als Worte zeigt dieses die Abb. 49. Der Schnitt I enthält nur gerade Linienelemente, der Schnitt II besteht nur aus einer Kurve. Dementsprechend ist der Schnitt X aus geraden und gekrümmten Umrißelementen zusammengesetzt, wobei der Längenanteil

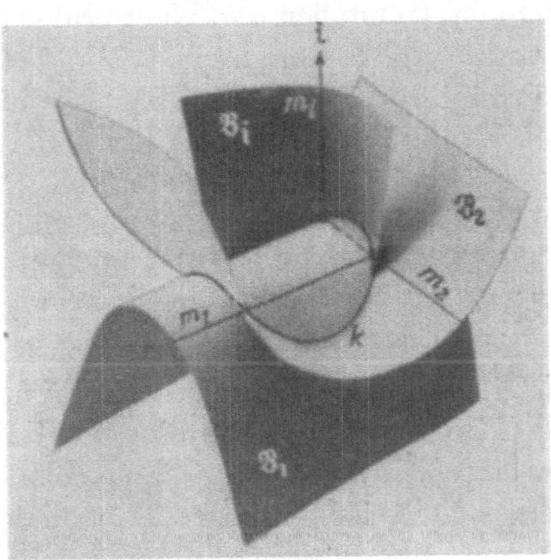

Abb. 48. *Wieviele Biegeflächen können einer einzigen, geschlossenen räumlichen Randlinie k zugeschrieben werden?*

Die Kurve k hat eine Ober- und Unterseite. Entsprechend lassen sich eindeutig, d.h. durch 2-Punkte-Berührung von Mantellinien m_1 und m_2 zwei Biegeflächen $\mathfrak{B}_1$, $\mathfrak{B}_2$ feststellen. Läßt man auch eine 1-Punkt-Berührung von Mantellinien m_i zu, so können je nach Wahl der Bedingung für die Mantellinienrichtung i beliebig viele weitere Biegeflächen $\mathfrak{B}_i$ angegeben werden. Die Richtungen i können von Punkt zu Punkt wechseln.

der einen oder andern überwiegt, je nachdem sich der Schnitt der einen oder andern Randlinie I und II nähert. Damit ist aber auch gleichzeitig die Frage beantwortet, welche Mischeigenschaften ein (nicht eigens eingezeichneter) Schrägschnitt X' haben würde.

Für bestimmte Strakaufgaben ist ferner noch überlegenswert, wie sich die Mischverwandtschaft beim Extrapolieren ändert, wenn also ein Schnitt X'' jenseits von I oder II konstruiert wird.

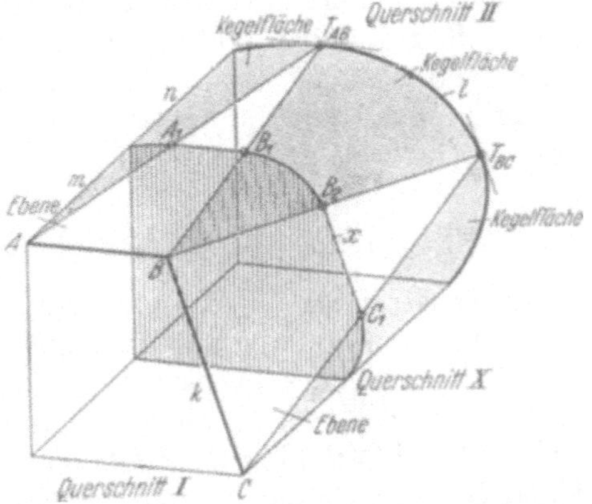

Abb. 49. *Schnitt durch eine allgemeine Biegefläche.*
Geometrische Beziehungen zwischen einem Schnitt X und einem Randlinienpaar k, l in parallelen Ebenen. Die Ähnlichkeiten von x zu k und l hängen vom Abstandsverhältnis $m:n$ ab. Zur Verdeutlichung wurde für k eine gebrochene Gerade, für l eine Kurve gewählt, dadurch wird die Biegefläche übersichtlich in Ebenen und Kegelflächen aufgeteilt.

4. Erzeugung allgemeiner Biegeflächen in der Werkstatt.

Es ist für den Konstrukteur wie für den Betriebsmann, den Meister, Handwerker und Prüfer gleich wichtig, das geometrische Baugesetz einer geraden Übergangsfläche zu erfassen. Das Verstehen dieses Gesetzes erleichtert das Aufzeichnen, Herstellen und Nachprüfen derartiger Flächen und bürgt gleichzeitig für größte Genauigkeit. Man bedenke den Vorteil: eine u. U. in ihrer Krümmung und ihrem Zuschnitt nicht ganz einfache Fläche wird in ihrer Krümmung durch nichts anderes als zwei Randkurven und deren genaue gegenseitige Lage festgelegt. Die Herstellungsvorschrift für den Modellschreiner lautet demnach folgendermaßen:

Auf die beiden Stirnflächen I und II des Modellrohlings sind in zueinander richtiger Lage die beiden Randkurven zu übertragen. Zum Herausarbeiten der ungefähren Form gibt der Konstrukteur die genaue Lage (Endpunkte P, Q) einiger Mantellinien an. Nur an diese Punkte auf den Randlinien seines Klotzes legt der Schreiner die Kante seiner geraden Richtlatte an und arbeitet Überschüssiges weg. Sobald die Gesamtform einigermaßen herausgeschält ist, legt er sie bäuchlings auf eine eingefärbte Richtplatte und „wiegt" sie dort hin und her. Die Farbabdrücke der Platte werden immer wieder weggearbeitet. Andere Schablonen oder Hilfsschnitte als die gerade Linealkante bzw. die eingefärbte Ebene der Richtplatte sind nicht nur überflüssig, sondern würden höchstens zu Ungenauigkeiten führen, da nichts einfacher und genauer ist als eine Gerade oder Ebene.

Dieses Verfahren hat sich im Flugzeugbau bewährt. Zunächst wird es jedoch immer auf den Widerstand aller Werkstattleute – der Handwerker wie der Prüfer – stoßen. Hier hilft kein Überreden, sondern nur das Vorführen des Prinzips und seiner Vorteile an einem nicht zu kleinen Modell aus Karton, Blech oder Holz.

5. Abwicklung.

Vom Konstruieren der Abwicklung allgemeiner Biegeflächen wird abgeraten. Es ist nicht nur sehr umständlich, sondern das Ergebnis ist wegen des Aneinanderreihens vieler, nur ungefähr bestimmbarer Teilflächen schließlich viel zu ungenau. Es ist entschieden einfacher und besser, eine 1 : 1-Attrappe der Randlinien in genauer gegenseitiger Lage anzufertigen und sie auf dem anzureißenden Blech abzurollen und die Abwälzkurven dort anzureißen. Für das nachfolgende Biegen („Runden") des Mantels in der Rundmaschine ist es vorteilhaft, beim Abrollen der Attrappe auf der Anreißfläche hinreichend viele Zwischenstellungen der Berührgeraden einzutragen, damit der Spengler beim Runden in der Maschine einen Anhalt für die Krümmungsänderung hat.

6. Paarung allgemeiner Biegeflächen.

Um die Durchdringung zweier allgemeiner Biegeflächen zu finden, denke man sich eine der beiden Flächen durch genügend viele Mantelgeraden dargestellt und bestimme ihre Durchstoßpunkte mit der anderen Fläche. Die Lösung dieser Grundaufgabe ist im Anhang (Abb. 75) gezeigt. Die aufeinanderfolgenden Punkte bilden die gesuchte Überschneidung.

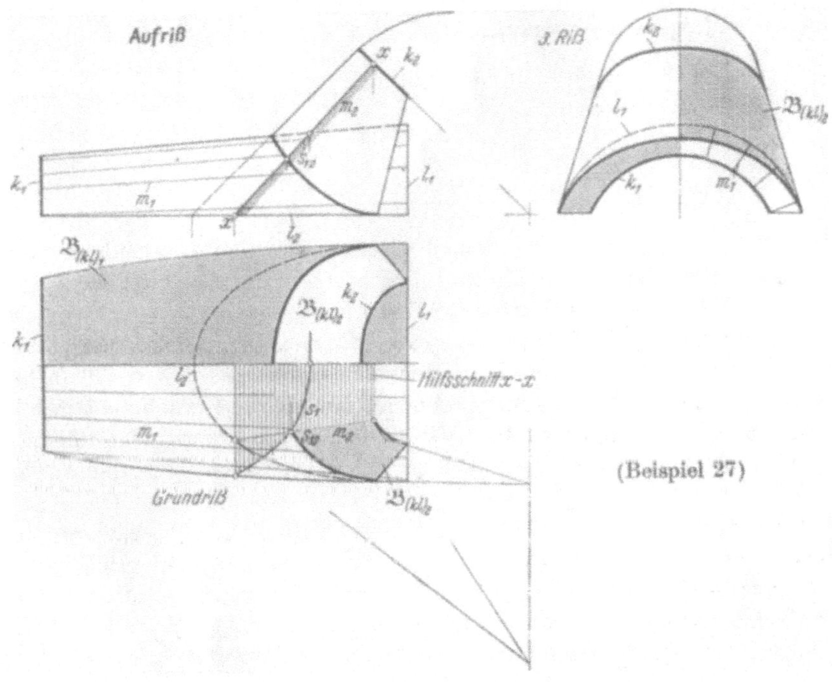

Abb. 50. *Rumpfdecke eines Fahrzeugs und gebogene Windschutzscheibe.* Beispiel der Durchdringung zweier allgemeiner Biegeflächen $\mathfrak{B}_{k,l_1}$ und $\mathfrak{B}_{k,l_2}$. Bedeutung der Abkürzungen vgl. Seite 44.

Beispiel 27: *Fahrzeugvorderteil mit überschneidender Windschutzscheibe.*

Rumpfdecke und Windschutz sind als Biegeflächen in der Form $\mathfrak{B}(k, l)_1$ und $\mathfrak{B}(k, l)_2$ gegeben, d.h. je durch ein Randlinienpaar k, l beschrieben. Nach der obigen Anweisung wird durch eine Mantellinie m_2 eine Schnittebene gelegt, die senkrecht zur Aufrißebene steht. Sie schneidet die Fläche $\mathfrak{B}_1$ nach einer Kurve s_1, die Fläche $\mathfrak{B}_2$ nach der Mantellinie m_2. Der Schnittpunkt S_{12} dieser beiden Schnittfiguren ist einer der gesuchten Punkte der Überschneidungslinie. Dieses Verfahren ist an hinreichend vielen anderen Mantellinien m_2 zu wiederholen.

Anhang.

1. System der Abkürzungen.

Für Leser mit wenig Übung im raschen Erfassen von Zeichenvorschriften sind die folgenden Hinweise nützlich:

Punkte werden mit großen Buchstaben bezeichnet, z.B. A, B, C ... K, M ... O, P ... usw. Die Wahl bei der Benennung ist zwar beliebig, es ist aber vorteilhaft, auch hier mit System zu arbeiten. In diesem kleinen Buch wird folgendes bevorzugt:

O = Nullpunkt irgendeines Anfangs
P = beliebiger Punkt
A, B, C ... = Endpunkte oder wichtige Richtpunkte
M = Mittelpunkt
K = Kegelspitze.

Geraden, Strecken und Linien jeder Art werden durch kleine Buchstaben bezeichnet, z.B. durch a, b, c ... h ... r ... usw. oder auch durch ihre beiden Endpunkte, z.B. OP, AB, P_1P_2 usw.

Flächen werden hier durch große deutsche Buchstaben bezeichnet, z.B. $\mathfrak{E}_n$ = Normalebene; $\mathfrak{E}_k$ = Ebene, welche die Kurve k enthält; $\mathfrak{E}_{g \times h}$ = Ebene, welche durch zwei sich schneidende Geraden g, h gegeben ist; $\mathfrak{B}$ für Biegeflächen; $\mathfrak{B}_{k,l}$ = Biegefläche, durch zwei Randlinien k, l gegeben; $\mathfrak{F}$ allgemein für Flächen, deren Krümmung zunächst ohne Interesse ist.

Winkel werden durch kleine griechische Buchstaben bezeichnet, z.B. α (alpha, griechisch für a), β (beta, griechisch für b), φ (phi, griechisch für f) usw. Wegen des Anlautes k wird hier der Kegelwinkel mit $\varkappa$ (kappa, griechisch für k) und mit μ (mü, griechisch für m) der Mantelwinkel der Kegelabwicklung bezeichnet. — Gelegentlich werden auch andere Benennungen verwendet, z.B. Winkel AOC, das bedeutet einen Winkel mit Spitze O, eingeschlossen von den Geraden OA und OC.

Rechte Winkel werden in der Zeichnung häufig durch das Zeichen ⦝ kenntlich gemacht, gleiche Winkel durch die gleiche Anzahl kleiner Striche am Bogen.

Gleiche Längen verschiedener Linien (z.B. Kurven und ihre Abwicklungen) können durch gleiche Schraffur o. dgl. hervorgehoben werden.

Ziffern (0) ... (1) ... (2) ... in der Zeichnung geben den kürzesten Lösungsweg („Fahrplan") an ohne Rücksicht auf Lagebeziehungen.

Zeiger (auch Index — Mehrzahl Indizes — genannt), hoch- oder tiefgestellte Anhängsel an Buchstaben oder Ziffern, unterscheiden — wenn nötig — die verschiedenen Abbildungen des gleichen Punktes oder der gleichen Geraden usw. Zum Beispiel:

S', S'', S''' = Bilder des Punktes S im 1. Riß (Grundriß), 2. Riß (Aufriß), 3. Riß (Seitenriß).

g°, h° usw. oder auch $g^\times$, $h^\times$ usw. = wahre (unverkürzte) Länge der Geraden g, h usw.

P_0, P_1, P_2 ... Zwischenstellungen eines Punktes P z.B. bei einer Drehbewegung.

„*normal*" und „*Normale*". Bei geometrischen Überlegungen bedeutet „normal" soviel wie „senkrecht zu einer Fläche". Eine Normale n_P ist die Senkrechte, errichtet im Punkt P einer Fläche.

Eine Normalebene ist eine der vielen möglichen Ebenen, deren Lage – und teilweise auch deren Richtung – durch die Normale festliegt. Die Normalebenen bilden ein Ebenenbüschel mit der Normalen als Drehachse.

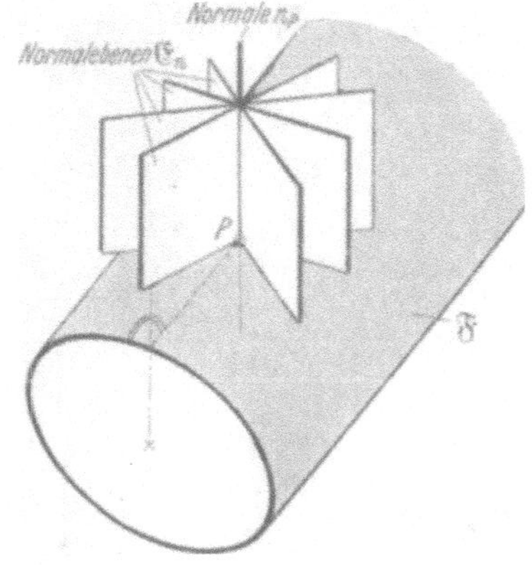

Abb. 51. Normale n_p und Normalebene $\mathfrak{E}_n$ bei gekrümmten Flächen $\mathfrak{F}$.

Schnittbezeichnungen (vgl. Abb. 52).

Schnitt	= Durchdringungslinie einer beliebigen Fläche mit einer Ebene, der „Schnittebene"
Axialschnitt	= Schnitt längs einer Hauptachse (Längsachse)
Längsschnitt	= Schnitt parallel zur Längsachse
Querschnitt	= Schnitt senkrecht zur Längsachse
Normalschnitt	= Schnitt senkrecht zu einer Fläche im Flächenpunkt P
Schrägschnitt	= Schnitt beliebiger Neigung
Pendelschnitte	= Schnitte mit gemeinsamer Achse
Brettschnitte	= Parallelschnitte mit gleichem Abstand
Radialschnitt	= Axialschnitt bei Drehflächen.

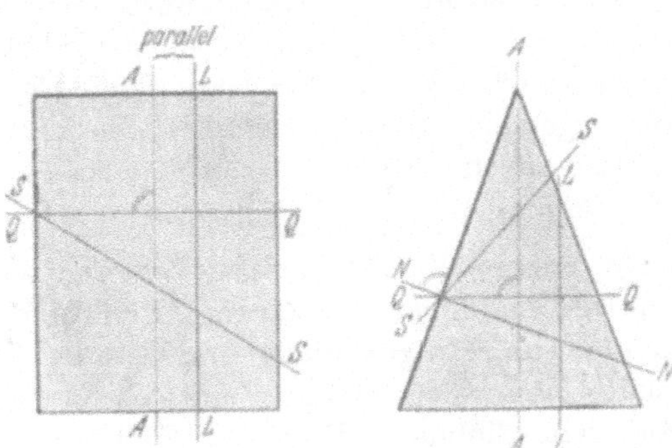

Abb. 52. *Schnittbezeichnungen.*

2. Geometrische Beziehungen zwischen ähnlichen Figuren.

Je nach dem Grad der Ähnlichkeit lassen sich zwischen zwei geometrisch aufeinander bezogenen Figuren folgende Verwandtschaftsgrade unterscheiden, wobei man die ersten vier Beziehungen als linear bezeichnen kann.

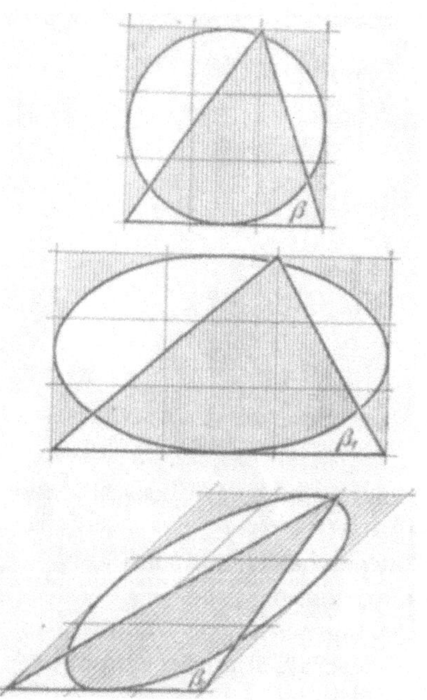

Abb. 53. *Parallelverwandtschaft.* Ihre Kennzeichen: Geraden bleiben gerade; parallele Geraden bleiben parallel; Teilungsverhältnisse von Strecken bleiben gleich; beliebige Winkel ändern sich; unter gewissen Voraussetzungen bleiben jedoch rechte Winkel erhalten.

1. Geometrische Gleichheit (auch Deckungsgleichheit oder Kongruenz genannt). Kennzeichen: beide Figuren werden durch Übereinanderschieben deckungsgleich. Beispiel: Kontaktabzüge einer photographischen Platte.

2. Spiegelgleichheit. Kennzeichen: beide Figuren werden erst durch Umwenden einer der beiden deckungsgleich. Beispiel: Stempel und Druckbild.

3. Geometrische Ähnlichkeit im herkömmlichen Sinn. Kennzeichen: gleiche und lineare Maßstabsänderung in den beiden Hauptrichtungen (Breite und Höhe). Beispiel: Vergleich zwischen photographischer Vergrößerung und Kontaktabzug.

4. Parallelverwandtschaft, auch Affinität genannt. Kennzeichen: lineare, aber nach zwei Richtungen verschiedene Maßstabsänderung (Verdehnung). Beispiel: ebene Figur und ihr ebener Schatten. Parallelverwandt (affin) sind auch z. B. alle Parallelogramme (Quadrate, Rechtecke, Rauten und allgemeine Parallelogramme); oder alle Dreiecke, ohne Rücksicht auf Seitenlängen und Winkelgrößen; oder alle Ellipsen, ohne Rücksicht auf Größe und Achsenverhältnis; u. a. m.

5. Perspektive oder andere entfernte Verwandtschaften. Kennzeichen: nichtlineare Dehnungen (Verzerrung). Punkte und Geraden des Vorbilds müssen nicht unbedingt Punkten und Geraden des Abbilds entsprechen. Beispiel: Quadratnetz und photographisches Schrägbild; oder Erdteilumriß auf dem Globus und auf der Weltkarte (Pole, Breiten- und Längenkreise werden bei Zylinderprojektion zu Geraden).

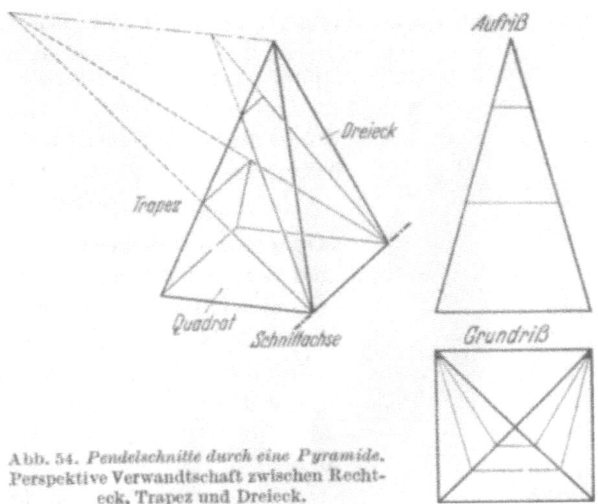

Abb. 54. *Pendelschnitte durch eine Pyramide.* Perspektive Verwandtschaft zwischen Rechteck, Trapez und Dreieck.

3. Gedrungene Ellipse, Konstruktion mit Hilfe der Scheitel-Krümmungskreise k_A und k_B.

Die zwischen den vier Kreisbogen k_A, k_B, k_A, k_B fehlenden Kurvenstücke lassen sich bei gedrungenen Ellipsen leicht mit Hilfe von Kurvenlinealen oder einer elastisch gebogenen Latte ergänzen. Für schlanke Ellipsen ist dieses Verfahren weniger empfehlenswert, man verwende dafür besser das Verfahren nach dem Beispiel Abb. 56. Von einer Annäherung durch sog. Korbbogen-Konstruktionen wird abgeraten, das Ergebnis sind nur ellipsen*ähnliche* Kurven mit mehr oder weniger viereckigem Aussehen.

Lösung: Der Lösungsweg folgt dem Fahrplan (0) ... (5). Das Achsenkreuz (0)–(1)–(2) wird zu einem Rechteck (0) ... (3) ergänzt und die Diagonale (1)–(2) gezeichnet. Von (3) aus wird die Senkrechte auf (1)–(2) gefällt. Sie schneidet (0)–(1) in (4) = M_a und (2)–(0) in (5) = M_b. M_a und M_b sind die gesuchten Mittelpunkte der Krümmungskreise in den Scheiteln A und B.

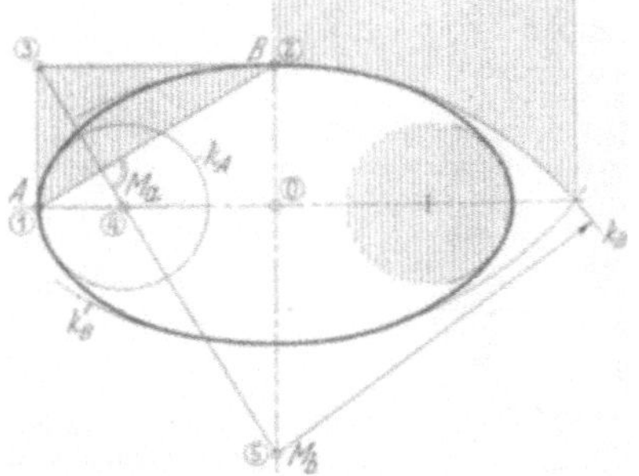

Abb. 55. *Gedrungene Ellipse,* aus den zwei Scheitelkreispaaren k_A, k_B zusammengesetzt. Fehlende Bogenstücke sind zu ergänzen.

4. Schlanke Ellipse, punktweise Konstruktion.

Dieses Verfahren ist umständlicher als das vorige, aber in allen Kurvenbereichen genau. Die Lösung läßt sich aus dem Fahrplan (0)...(5)

leicht ablesen. Der Strahlwinkel α ist veränderlich und wird zweckmäßig gewählt, d.h. so, daß auf den schwierigst zu zeichnenden Kurvenbereich die meisten Punkte, auf die Scheitel die wenigsten Punkte fallen.

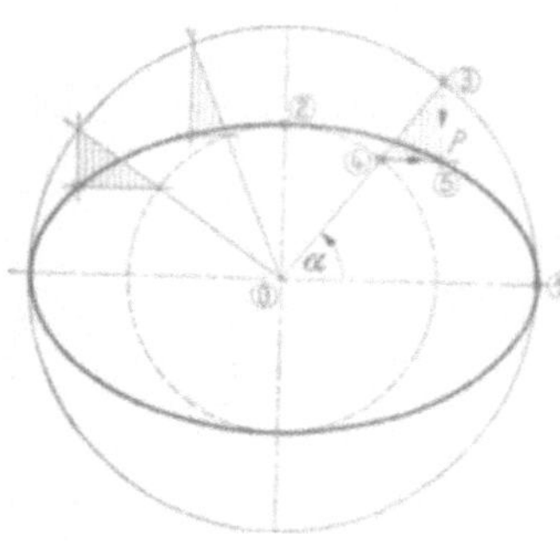

Abb. 56. *Schlanke Ellipse*, punktweise konstruiert.

5. Parabel, Scheitelkreis und Berührgeraden.

Von einer Parabel seien zwei einander gegenüberliegende Punkte A, B und der Scheitelpunkt S bekannt. Gesucht werden die Berührgeraden a, b in A, B und der Krümmungskreis r an S.

Lösung: Man mache $AM = MB$ und $MS = SO$, dann ist $AO = a$ und $BO = b$.

Die Senkrechte in A auf OA schneidet OM in N. NA ist die Normale in A; NM ist die sog. Subnormale, die Projektion der Normalen. Dieser Abschnitt MN ist zugleich der Scheitelradius r.

Diese einfache Konstruktion erweist sich in der Praxis als sehr nützlich.

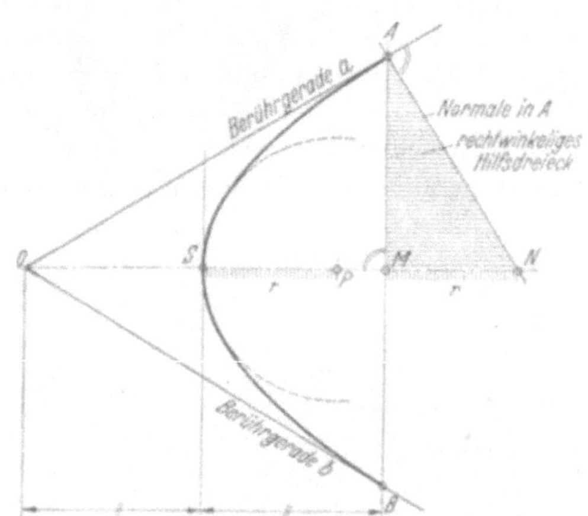

Abb. 57. *Parabel*, Auffinden der Berührgeraden (Endtangenten) a, b und des Scheitelkreises.

6. Zu einem bestimmten elliptischen Zylinder passender Kreisschnitt.

Den Zylinderquerschnitt bildet eine Ellipse mit den Halbachsen a und b. Wie liegt jener Schrägschnitt, der genau ein Kreis ist; wie groß ist der Kreis?

Aus dem Grundriß folgt, daß der größte überhaupt mögliche Kreisdurchmesser nur $2a$ sein kann. Die Schräglage des Kreises ergibt sich aus dem Neigungsdreieck ABC (Seitenriß), von dem die Seitenlängen $2a$, $2b$ und der rechte Winkel bekannt sind. — Entsprechend findet man die Lösung, wenn als Schnitt eine Ellipse mit den Achsen $2a$ oder $2b$ und $2c$ gefunden werden soll (Abb. 59 u. 60).

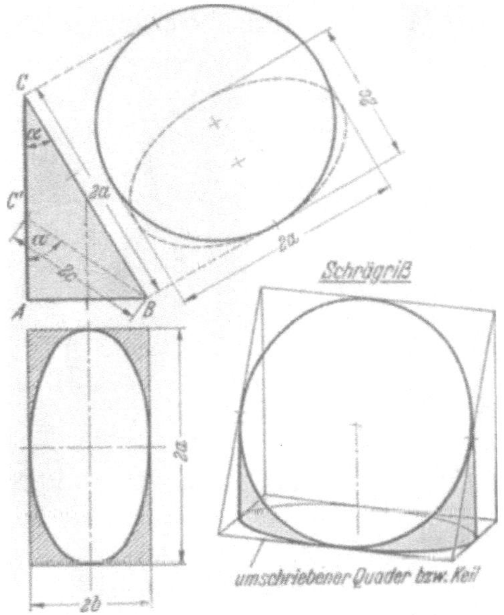

Abb. 58. *Elliptischer Zylinder*, Auffinden jenes Schnittes, der ein Kreis ist.

7. Abrundungsradien r_A in den Scheiteln von Abwicklungskurven, wichtige Krümmungsbeziehungen bei Biegeflächen.

Der Abrundungsradius r_A im Kurvenscheitel abgewickelter Zylinder- und Kegelflächen läßt sich leicht konstruieren und ist für die exakte Kurvenform von großer Bedeutung. Das Verfahren ist für beide Flächengattungen gleich und wird in den Abbildungen 6, 19, 20, 21, 28 ,59 und 62 vorgeführt. Den ,,Fahrplan" (1)–(2)–(3)–... lese man folgendermaßen: Im Scheitel P zeichne man eine Senkrechte zur Flanke bis zum Schnittpunkt mit der Drehachse. Von dort fälle man wiederum eine Senkrechte auf den Schrägschnitt. Diese Senkrechte verlängere man bis zum Schnitt mit der Flanke. Der Flankenabschnitt r_A ist der gesuchte Abwicklungsradius.

Lesern mit geringerer Erfahrung im Lesen von Zeichnungen wird empfohlen, die Abbildung freihändig auf einem Blatt Papier nachzuzeichnen und zu beschriften; dies ist das beste Mittel, rasch Zeichnungen lesen zu lernen. Wen darüber hinaus auch die mathematischen Zusammenhänge interessieren, der findet sie unter Beziehung auf Abb. 60 im folgenden:

Wird eine Biegefläche unterm Winkel φ zur Normalen geschnitten, so bestehen zwischen den drei Flächen $\mathfrak{N}$ (Normalschnitt), $\mathfrak{S}$ (Schrägschnitt) und $\mathfrak{B}$ (Biegefläche) bzw. der ebenen Abwicklung $\mathfrak{A}$ der Biegefläche, in jedem Punkt P der gemeinsamen Schnittlinie s eine einfache von Meusnier entdeckte Beziehung. Aus den rechtwinkligen Dreiecken bei P in Abb. 60 links folgt:

$$r_s = r_\varphi = r_n \cos\varphi,$$

$$r_A = r_n / \operatorname{tg}\varphi.$$

Durch Umkehren der ersten Gleichung folgt:

$$r_n = r_s / \cos\varphi,$$

r_s, r_A und r_n sind die Krümmungsradien in den Flächen 𝔖, 𝔄, 𝔑.

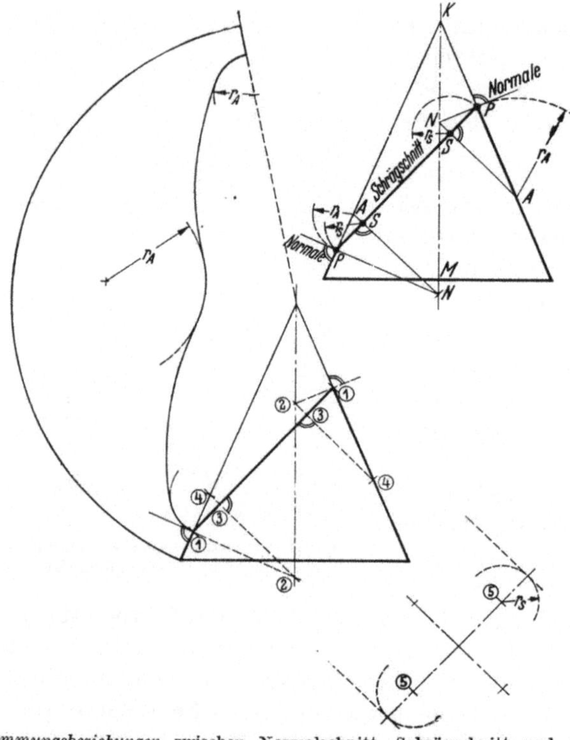

Abb. 59. *Krümmungsbeziehungen* zwischen Normalschnitt, Schrägschnitt und Abwicklung bei *Kegeln*. Die Kreisbogen r_s um (5) sind Scheitelkreise der Schnittellipse.

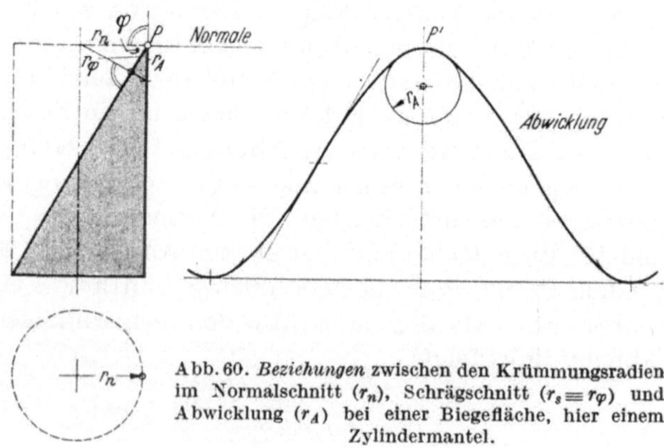

Abb. 60. *Beziehungen* zwischen den Krümmungsradien im Normalschnitt (r_n), Schrägschnitt ($r_s \equiv r_\varphi$) und Abwicklung (r_A) bei einer Biegefläche, hier einem Zylindermantel.

8. Schräges Anreißen eines Rohrstutzens in der Werkstatt.

Ein bereits vorhandenes Rohrstück soll schräg angerissen werden. Statt die Abwicklung zu konstruieren und sie auf das Rohr zu übertragen, wird folgendes empfohlen (vgl. „Der Maschinenmarkt" 34, 1954, Technische Auskunft Nr. 284):

Das genau rechtwinkelig abgeschnittene Rohr wird auf einen Holzkeil gesetzt, dessen Winkel α aus der Werkzeichnung entnommen wird (Winkelmesser oder Stellwinkel). Dann reißt man die Höhenlinie wie üblich an (vgl. Abb. 61 links).

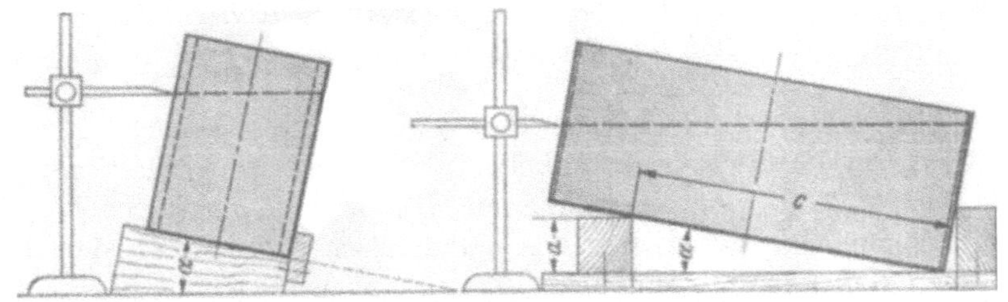

Abb. 61 Links: *Unterlegen* eines genau abgeschrägten Keils. Rechts: *Verschieben* eines Vierkants beliebiger Höhe a und dadurch Einstellen der richtigen Neigung α.

Bei großen Rohrdurchmessern wird man einen Keil dieser Länge und Dicke nicht anfertigen wollen und stellt deshalb das Rohrstück durch Unterschieben eines Vierkants schräg. Die richtige Neigung ergibt sich durch Verschieben der Auflage, wenn man die Rohrneigung über den Schenkel des eingestellten Stellwinkels hinweg anpeilt.

Bei Rohrdurchmessern von 1 m und mehr ist dieses Peilverfahren nicht ganz befriedigend, wenn es um Millimetergenauigkeit geht. Durch eine einfache Rechnung ergibt sich auch für diesen Fall eine rasche Lösung: man unterbaut das Rohr einseitig mit einem ungefähr passenden Vierkantstück, dessen Höhe a mm mißt, und verschiebt es so lange, bis die unterbaute Länge c mm (= Abstand der Sehne von der Rohrwand; vgl. Abb. 61 rechts) gleich der vorher errechneten Länge ist. Die Länge c erhält man aus der Beziehung zwischen Seitenverhältnis und Winkel, vgl. Abb. 64; es ist $a/c = \sin \alpha$. Daraus errechnet sich, wie es das folgende Zahlenbeispiel zeigt, für einen angenommenen Winkel α und eine angenommene Vierkanthöhe a der Stützenabstand c zu $c = a/\sin \alpha$. Man kann natürlich die Stütze bei entsprechender Höhe a' so weit nach links schieben, bis das Rohr dort nur mehr an einer Stelle gestützt wird. Diese Stützweite c' entspricht dann dem Rohrdurchmesser d (der geringe Unterschied zwischen Außen- und Innendurchmesser ist praktisch ohne Bedeutung). Für die Stützhöhe a' folgt durch Gleichsetzen von $c' = d$ aus der vorigen Beziehung $a' = d \sin \alpha$.

Zahlenbeispiel:

Ein Rohr von 2600 mm Weite und nur wenigen Millimetern Wandstärke soll schräg angerissen werden. Es wird ein Neigungswinkel $\alpha = 11{,}5°$ verlangt. Wo und wie hoch muß das Rohr einseitig unterbaut werden? — Auf dem Kurvenblatt Abb. 64 lesen wir, oben mit dem Wert $\alpha = 11{,}5°$ eingehend und dann an der Kurve nach links abbiegend, am linken Rand den Wert $\sin\alpha$ oder $a/c = 0{,}20$ ab. Wäre nun das unterzuschiebende Vierkant z. B. 400 mm hoch, so würde sich die Einstelllänge c errechnen zu $c = 400/0{,}20 = 2000$ mm. Wollten wir jedoch das Rohr genau unter der linken Kante unterstützen, so müßte das Vierkant bei $c' = d = 2600$ mm Rohrbreite folgende Höhe a' haben:

$$a' = d \sin\alpha = 2600 \cdot 0{,}20 = 520 \text{ mm}.$$

9. Einengen einer Sinus-Wellenlinie.

An Stelle der etwas umständlichen punktweisen Konstruktion nach dem Beispiel 3 kann eine Sinuslinie mit überraschend gutem Erfolg auch durch Einengen zwischen Geraden und Kreisen gefunden werden. Dazwischen fehlende Kurvenstücke können mit dem Kurvenlineal oder einer geschmeidigen Latte leicht ergänzt werden. Die Vorteile dieses Verfahrens sind große Genauigkeit im Kurvenscheitel, dem empfindlichsten Kurventeil, und ein rasches Ergebnis. Im besonderen bei flachen Sinuslinien ist dieses Verfahren jenem der punktweisen Bestimmung überlegen.

Die Lösung ist der Abb. 62 und ihrem Fahrplan zu entnehmen.

Für den besonders häufigen Fall, daß ein Drehzylinder unter 45° geschnitten wird, ergibt sich eine besonders einfache Lösung:

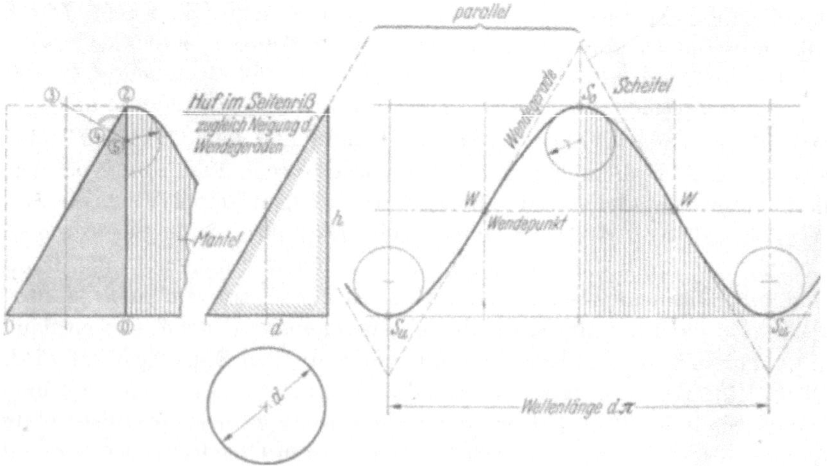

Abb. 62. *Sinus-Welle*, ihre Erzeugung durch Einengen zwischen Scheitelkreisen und Wendegeraden.

1. Die Scheitelkreise haben genau den Durchmesser des Rohres.

2. Die Neigung der Wendegeraden ist — wie es nicht anders sein kann — genau 45°.

Dem Praktiker kann nicht genug empfohlen werden, von dieser ungewöhnlich einfachen und genauen Abwicklung Gebrauch zu machen.

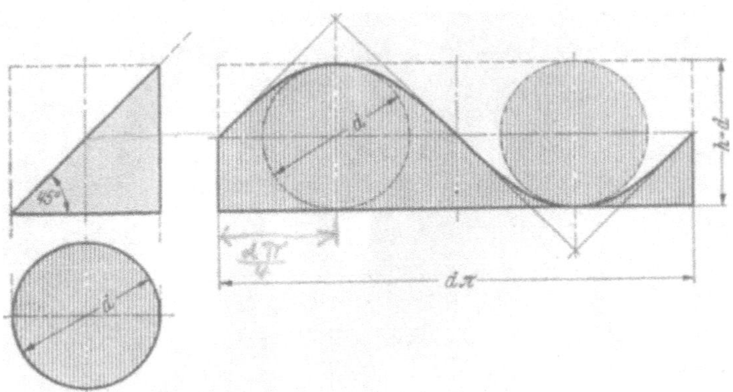

Abb. 63. *Hufabwicklung* eines unter 45° geschnittenen Drehzylinders. Für diesen Sonderfall ist der Scheitelkreis gleich dem Zylinderquerschnitt.

10. Zahlenwerte von sinα, grafische Bestimmung des Kegelmantelwinkels (Abb. 64).

Die abgebildete Sinuskurve ist durch Übertragen der Zahlenwerte $\alpha = 10°$, $20°$, $30°$ usw. und der entsprechenden Werte sin$\alpha = 0{,}174$. $0{,}342$, $0{,}500$ usw. entstanden, wie sie in jedem Ingenieurtaschenbuch und in jeder Logarithmentafel zu finden sind.

Die Maßstäbe sind so gewählt, daß das Kurvenbild zweierlei Aufgaben erfüllt: Die Kurve teilt das Bild in ein oberes, graues Feld und in ein unteres, weißes Feld und wird folgendermaßen verwendet:

Zum weißen Feld gehören die Maßstäbe oben und links. Man wählt oben z.B. $\alpha = 28°$, peilt bis zur Kurve hinunter, dann nach links und findet für diesen Winkel den Sinuswert (oder das Dreiecks-Seitenverhältnis $a/c) = 0{,}47$. Dieser Weg kann auch in umgekehrter Richtung beschritten werden.

Zum unteren Feld gehören die Maßstäbe unten und rechts. Man wählt unten z.B. einen Kegelwinkel $\varkappa = 80°$, peilt nach oben bis zur Kurve, biegt nach rechts ab und liest am rechten Rand den Kegelmantelwinkel $\mu = 232°$ ab.

Dieser Wert für den Mantelwinkel ist hinreichend genau, er ist auf alle Fälle genauer, als wenn er durch Abtragen des Kreisumfangs mit dem Stechzirkel gefunden würde. Die Übertragung des Winkels in die Abwicklung geschieht mit dem Winkelmesser; Bedingung ist ein Winkelmesser mit genügend großem Durchmesser, er soll nicht viel kleiner, eher größer sein als der Manteldurchmesser.

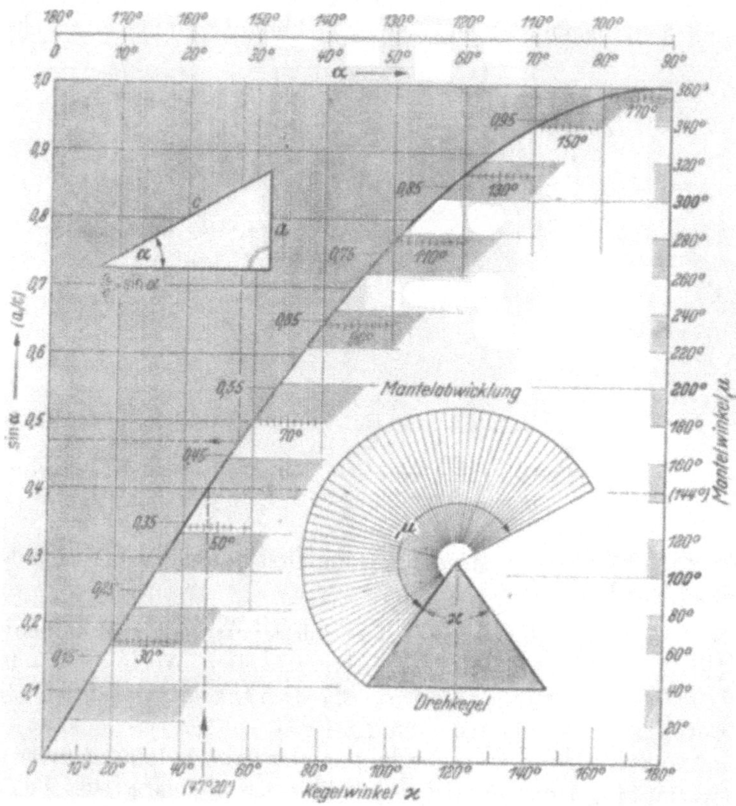

Abb. 64. *Kurve zum Ablesen des Zahlenwertes* sin α und des Winkels μ der Kegelabwicklung.

11. Berührgerade p im Kurvenpunkt P.

Die Genauigkeit von Abwicklungskurven wird verbessert, wenn besonders in der Gegend der Kurvenwendepunkte ein Kurvenpunkt P gesucht und in ihm seine Berührgerade p an die Kurve konstruiert wird. Das Verfahren ist durchaus einfach, wenn man sich vergegenwärtigt, daß sich p als Schnittgerade zweier leicht zu findenden Ebenen ergibt, nämlich der Schnittebene $\mathfrak{E}_s$, in der die Schnittkurve s liegt, und der Berührebene $\mathfrak{E}_m$ an die Biegefläche $\mathfrak{B}_m$. Da sich die Berührebene als Schnitt zweier Geraden m und p ergibt, kann sie etwas genauer auch als $\mathfrak{E}_{m \times p}$ bezeichnet werden. Die Mantelgerade m ist leicht zu finden, sie geht durch P und ihre Richtung ist bei Zylindern und Kegeln ohnehin bekannt. Von dem rechtwinkligen Konstruktionsdreieck PEP_0 sind alle Seiten bekannt. Das in den beiden Skizzen perspektivisch gezeigte Verfahren ist in den Beispielen Abb. 65 und 66 mit den Mitteln der darstellenden Geometrie als Konstruktion gezeigt.

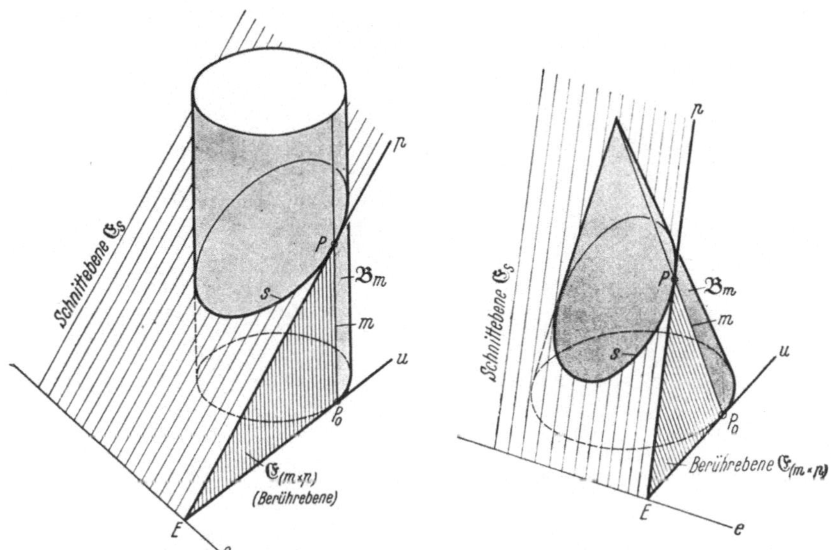

Abb. 65. *Berührgerade an eine Kurve des Zylindermantels.*

Abb. 66. *Berührgerade an eine Kurve des Kegelmantels.*

12. Neigungsdreieck und wahre Länge einer Geraden (Abb. 67 und 68).

Die Neigung einer Geraden zur Zeichenebene findet man, indem man durch die Gerade eine zur Zeichenebene senkrechte Hilfsebene $\mathfrak{E}_1$ oder $\mathfrak{E}_2$ legt. Die Hilfsebene schließt das Neigungsdreieck ein. Durch Drehen bzw. Umklappen dieses Dreiecks in die Zeichenebene wird seine wahre Größe und dadurch Länge und Neigung der Geraden bestimmt. — Im Beispiel Abb. 67 durchstößt die Gerade beide Projektionsebenen, im Beispiel Abb. 68 trifft sie nur die Schnittkante beider Ebenen.

13. Wahre Größe eines Dreiecks und eines Winkels (Abb. 69a und b).

Durch eine Dreiecksecke A wird ein waagerechter Schnitt AB gelegt. und im Dreieck ABC von C aus die Höhe auf AB gefällt. Durch Umklappen bestimmt man das Neigungsdreieck $C^{\times}C'H'$ von CAB und findet dadurch die wahre Höhe $h^{\times}$ von CAB. $A'B'C^{\times}$ ist der gesuchte wahre Umriß und demzufolge ist $S^{\times}$ die wahre Größe des Winkels, den die beiden Geraden g, f miteinander einschließen.

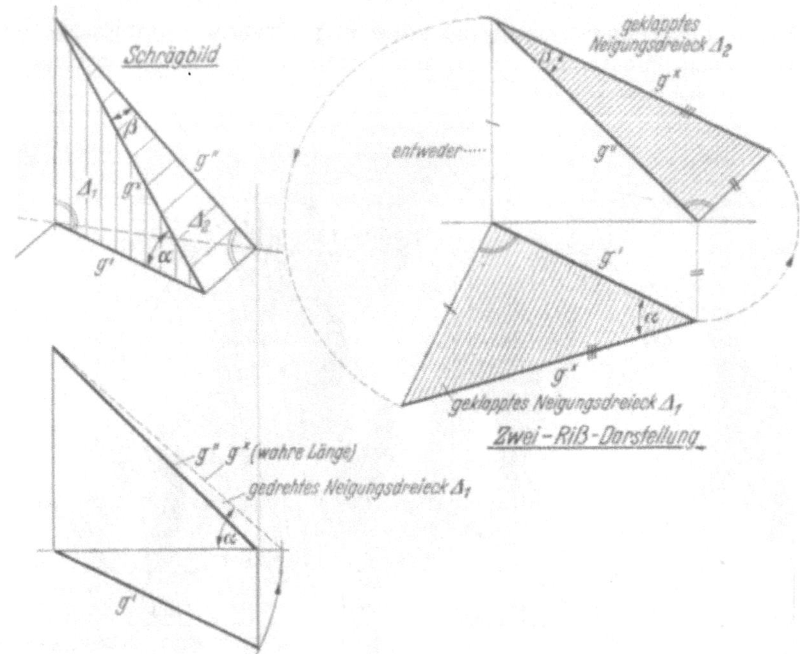

Abb. 67.

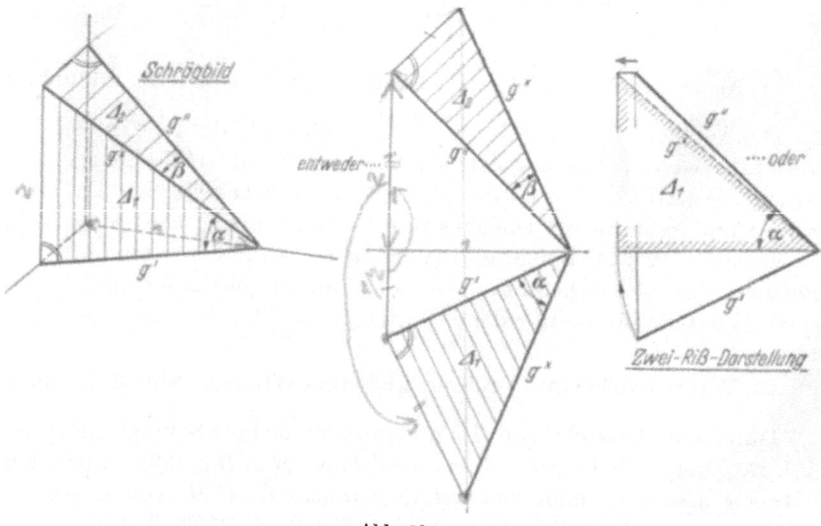

Abb. 68.

Abb. 67 und 68. *Wahre Größe* $g^{\times}$ *und die wahren Neigungen* α, β *einer Geraden zur Grund- und Aufrißebene.* Schrägbild und zwei Lösungen in Zwei-Riß-Darstellung.

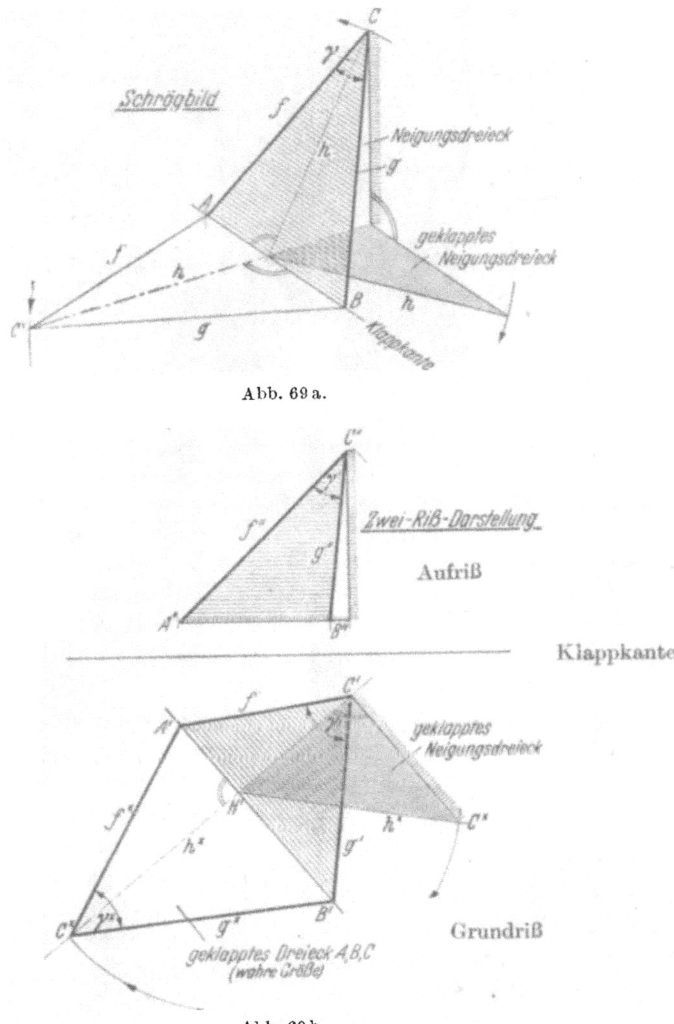

Abb. 69a.

Abb. 69b.

Abb. 69a und b. *Wahre Größe eines Dreiecks ABC und wahre Größe des eingeschlossenen Winkels γ.* Schrägbild und Lösung in Zwei-Riß-Darstellung (Bilder zum Anhang 13).

14. Abwickeln einer Pyramide (Abb. 70).

Unter Benützung der Angaben in Abb. 69 kann die Abwicklung einer Pyramide oder eines anderen Ebenflächners einfach gefunden werden. Lösungsweg: Bestimmung der Neigungsdreiecke der einzelnen Seitenflächen. Der „Fahrplan" (0)···(5) führt rasch und sicher durch die etwas verwirrende Konstruktion.

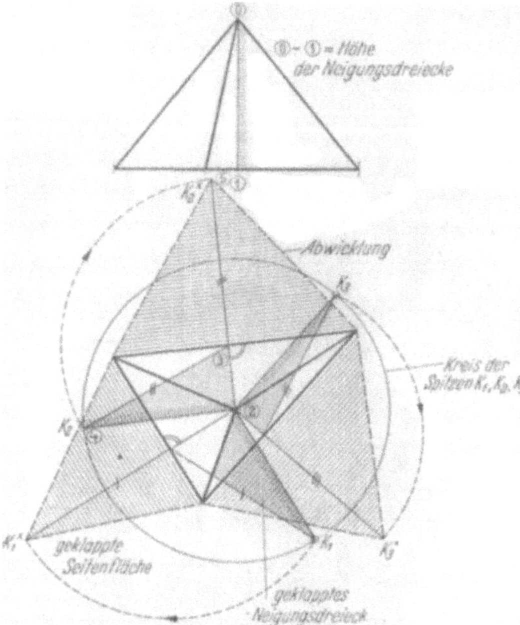

Abb. 70. *Abwickeln einer Pyramide,* vgl. dazu Abb. 69.

15. Durchdringung beliebiger Flächen mit einer Geraden (Abb. 71 bis 75).

Wir setzen voraus, daß Fläche und Gerade in zwei Rissen abgebildet sind. Von den Möglichkeiten, den oder die Durchstoßpunkte einer Geraden mit einer beliebigen Fläche zeichnerisch zu bestimmen, ist das folgende Verfahren besonders einfach:

1. Man legt durch die Gerade eine Hilfsebene, über deren besonders zweckmäßige Lage noch zu sprechen sein wird.

2. Die Hilfsebene schneidet die Fläche nach einer ebenen Figur, z.B. einer Geraden, einem Vieleck (Dreieck usw.) oder einer Kurve.

3. Die Durchstoßgerade und die ermittelte Schnittfigur gehören der gleichen Ebene an, nämlich der Hilfsebene, daher sind Schnittpunkte der Geraden mit der Schnittfigur die gesuchten Durchstoßpunkte der Geraden mit der vorgegebenen Fläche.

Unter 1. wird von einer besonders zweckmäßigen Lage der Hilfsebene gesprochen. Man treffe für sie folgende Wahl:

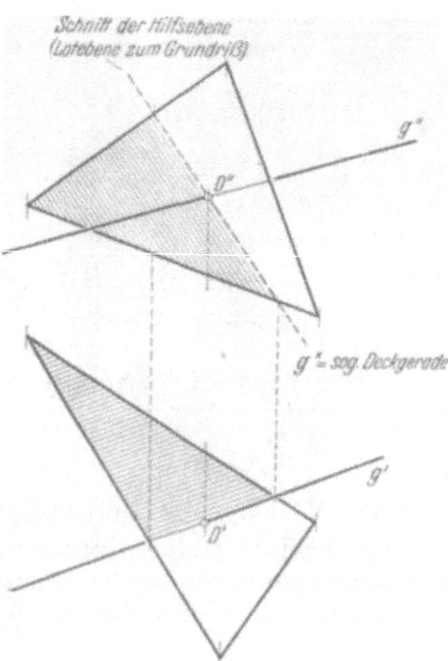

Abb. 71. *Durchstoßpunkt D einer Geraden g durch eine Ebene* (Dreieck). Über dem Grundriß g' ist eine Lotebene errichtet. Sie schneidet das Dreieck längs einer sog. Deckgeraden g^x. D ergibt sich als Schnitt $g'' \times g^x$.

Ist die zu durchstoßende Fläche eine *Ebene*, so wähle man als Hilfsebene eine Lotebene durch g, die entweder zum Grund- oder zum Aufriß senkrecht steht. Die Schnittfigur ist eine Gerade $g^{\times}$. Der Schnittpunkt $g'' \times g^{\times}$, D, ist der gesuchte Durchstoßpunkt.

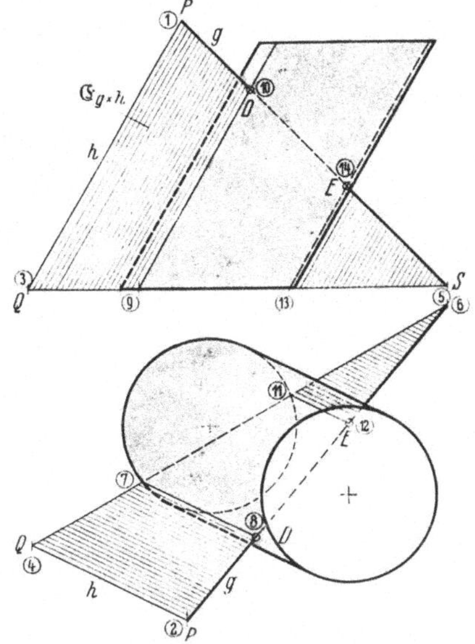

Abb. 72 *Durchstoßpunkte D, E einer Geraden g durch einen Zylinder.* Durch g wird eine zur Zylinderrichtung parallele Schnittebene $\mathfrak{E}_g \times {}_h$ gelegt. Die Durchstoßpunkte ergeben sich als Überschneidung des Dreiecks SPQ mit dem Schnittviereck.

Bei einer *Zylinder*- oder *Prismenfläche* wähle man als Hilfsebene eine Ebene $\mathfrak{E}_{g \times h}$, die parallel zur Zylinder- bzw. Prismenachse liegt. Die Schnittfigur ist je nach der gegenseitigen Lage der Boden- und Deckelfläche ein Rechteck, ein Parallelogramm oder im allgemeinen Fall ein Trapez. Ein einfacher Weg, eine derartige, zur Achse parallele Ebene zu finden, besteht darin, auf der Geraden g einen beliebigen Punkt P zu wählen und durch ihn eine zweite Gerade h zu legen, die in beiden Rissen parallel zur Körperachse bzw. zu den Mantellinien liegt.

Bei *Kegel*- und *Pyramidenflächen* wähle man als Hilfsebene durch g eine Ebene durch die Spitze des Körpers. Die Schnittfigur ist ein Dreieck. Der einfachste Weg, diese Ebene (gegeben

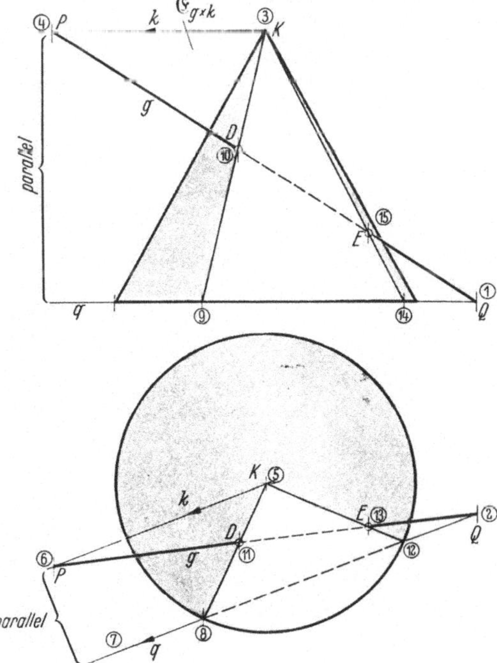

Abb. 73. *Durchstoßpunkte D, E einer Geraden g durch einen Kegel.* Durch g und die Kegelspitze K wird eine Schnittebene $\mathfrak{E}_{g\,k}$ gelegt. Die Durchstoßpunkte D, E ergeben sich als Überschneidung des Dreiecks KPQ mit dem Schnittdreieck.

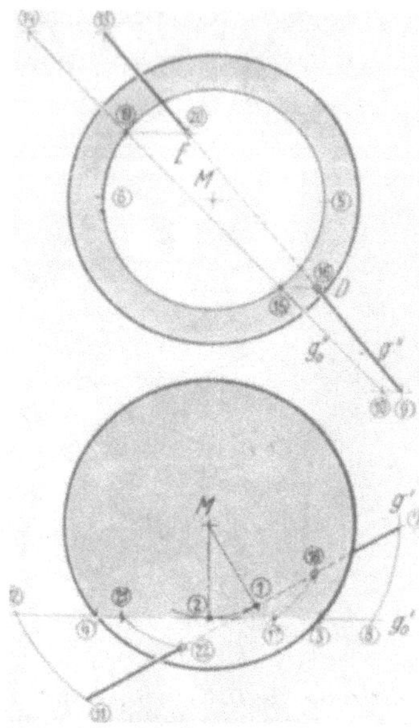

Abb. 74. *Durchstoßpunkte D, E einer Geraden g durch eine Kugel.* Kugel und Gerade werden als Ganzes so um die Hochachse gedreht, bis die Gerade von vorn gesehen unverkürzt erscheint. Dann wird durch die Gerade eine Lotebene zum Grundriß gelegt, sie schneidet eine Kappe mit Kreisform ab. Die Durchstoßpunkte ergeben sich als Überschneidung der Geraden mit diesem Schnittkreis.

durch eine Gerade g und einen Punkt K) zu finden, ist der, auf g einen Punkt P in gleicher Höhe mit K zu wählen. Dadurch wird die Schnittebene gK umgeschrieben in $g \times k$, d. h. durch das sich schneidende Geradenpaar g, k dargestellt. Die Gerade k ($= KP$) ist parallel zum Grundriß und deshalb Spurparallele zur Spur q, die durch den Durchstoßpunkt D von g geht. Den Verlauf des Lösungsweges gibt die Ziffernfolge der Abbildung an.

Bei *Kugelflächen* drehe man die Kugel zunächst so um die Senkrechte, daß die Gerade g von vorn unverkürzt erscheint. Zu diesem Zweck fälle man auf sie im Grundriß von M aus die Senkrechte und drehe sie nach vorn, vgl. Bewegung (1)–(2). Die Hilfsebene durch g schneidet von der Kugelschale einen Kreis ab. Seine Überschneidungen (15) und (19) mit g_0'' entsprechen den Durchstoßpunkten von g mit der Kugel.

Bei *allgemeinen Biegeflächen*, wie überhaupt bei allen anderen Flächen, die von einer Geraden durchstoßen werden, ist das Lösungsprinzip des Auffindens dieser Punkte folgendes:

1. Man überzieht die Fläche mit Erzeugenden, d. h. Biegeflächen mit Biegegeraden, gewölbte Flächen mit irgendwelchen anderen, systematisch angeordneten Linien auf der Fläche, z. B. Brettschnitte.

2. Durch die Gerade g wird ein Hilfsschnitt gelegt, der auf dem Grund- oder Aufriß senkrecht steht. Die Schnittpunkte dieser

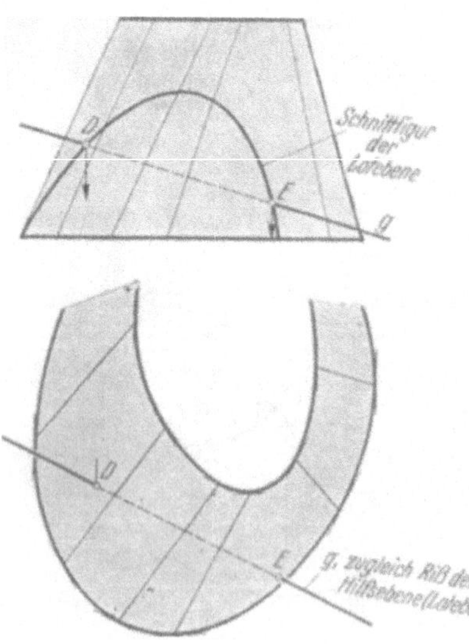

Abb. 75. *Durchstoßpunkte D, E einer Geraden g durch eine allgemeine Biegefläche.*

Hilfsebene mit den Erzeugenden werden im anderen Riß, also im Auf- oder Grundriß, konstruiert und die Überschneidung dieser Schnittlinie mit der Geraden festgestellt.

16. Paarung beliebiger Drehkörper mit Kugeln.

Die nachstehende Grundaufgabe gehört zwar nicht mehr zum Aufgabenkreis der abwickelbaren Flächen, sie bietet aber im Gefolge der GRAFschen Lösungen (Beispiel 19 und 20) eine so elegante Lösung einer verhältnismäßig schwierigen Aufgabe – exzentrische Paarung von Kugel und Drehfläche –, daß sie nicht unerwähnt bleiben soll. Nach dem in den erwähnten Beispielen Vorausgegangenen ist eine Beschreibung der Lösung nicht mehr nötig.

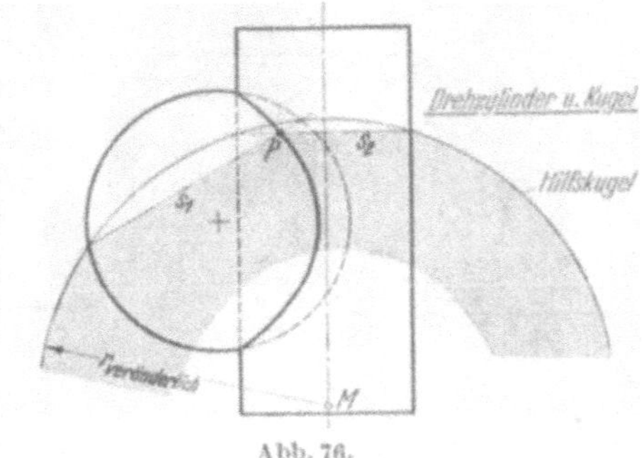

Abb. 76.

Der Mittelpunkt M der Hilfskugel kann beliebig auf der Drehachse verschoben werden. Er muß also auch beim Drehkegel nicht – wie zufällig gezeichnet – mit der Kegelspitze zusammentreffen.

Abb. 77.

Die gezeichnete extrapolierte (d. h. über gegebene Grenzpunkte hinaus verlängerte) Durchdringungskurve ist keine wirklich vorhandene Linie. Sie ist aber theoretisch konstruierbar und nützt insofern, als durch sie die Kurvenrichtung in den Grenzpunkten einwandfrei gefunden werden kann; sie ist also nur eine Zeichenkontrolle.

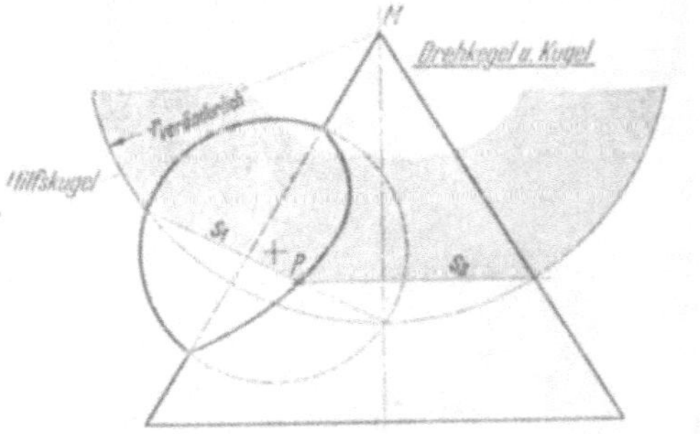

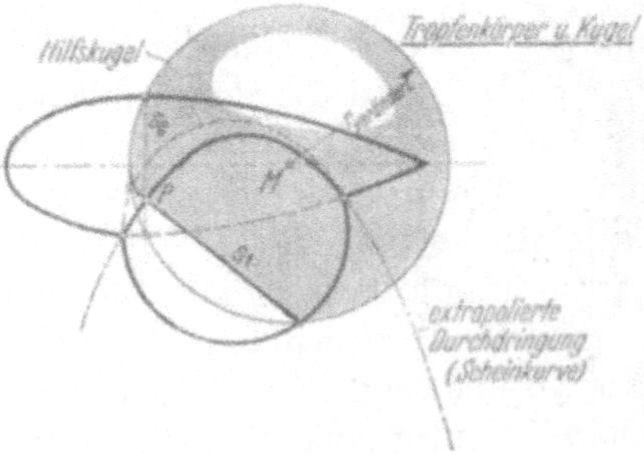

Abb. 78.

Abb. 76–78. *Außermittige Durchdringung von Drehkörpern mit Kugeln.*

17. Zwei verbreitete Fehlkonstruktionen allgemeiner Biegeflächen.

In der Praxis wie auch vereinzelt in Lehrbüchern finden sich Zeichenverfahren für die Bestimmung der Mantellinien allgemeiner Biegeflächen, die, auf falschen Vorstellungen von der Abwickelbarkeit aufgebaut, zu vollständig falschen Ergebnissen führen. Es werden dabei die Randlinien k, l in gleich lange Strecken unterteilt, die einander entsprechenden Teil-

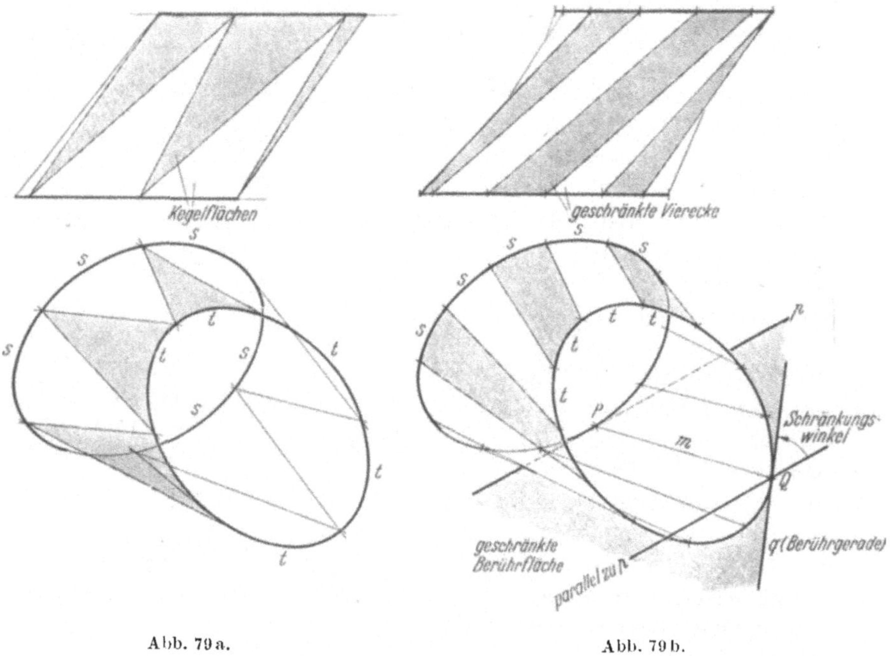

Abb. 79a. Abb. 79b.

Abb. 79a und b. *Fehlkonstruktionen*, Aufteilung der Randlinien in gleiche Stucke *s* bzw. *t*. *a* Aufteilung der Fläche in Kegelmäntel; *b* Aufteilung der Fläche in verwundene Vierecke.

punkte geradlinig verbunden und diese Linien als Mantellinien erklärt. Je nachdem wird die darzustellende Fläche in schmale Vierecke oder Dreiecke gleicher Basislänge aufgelöst. Der Fehler liegt darin, daß die auf diese Weise gezeichneten Mantelgeraden nicht in Berührebenen an die vermeintliche Biegefläche liegen; die abweisende Tangentenrichtung in der Abbildung beweist das. Die sich ergebenden Flächen sind wechselseitig gekrümmt („windschief“) und ihrer Art nach Sattelflächen, wie die Abb. 1b eine zeigt. Die beiden vorgeführten Verfahren sind weder annähernd richtig noch etwa besonders bequem und sollten deshalb nicht weiterhin verwendet werden.

18. Modelle zur Untersuchung der Eigenschaften allgemeiner Biegeflächen.

Durch Falten von Karton in der Größe etwa DIN A5 oder DIN A4 fertigen wir Rahmenmodelle abwickelbarer Flächen, um an ihnen die Lage und Wanderung der Erzeugenden beim Abwälzen auf einer Ebene zu beobachten. Die einfachen Versuche sind so aufschlußreich, daß das

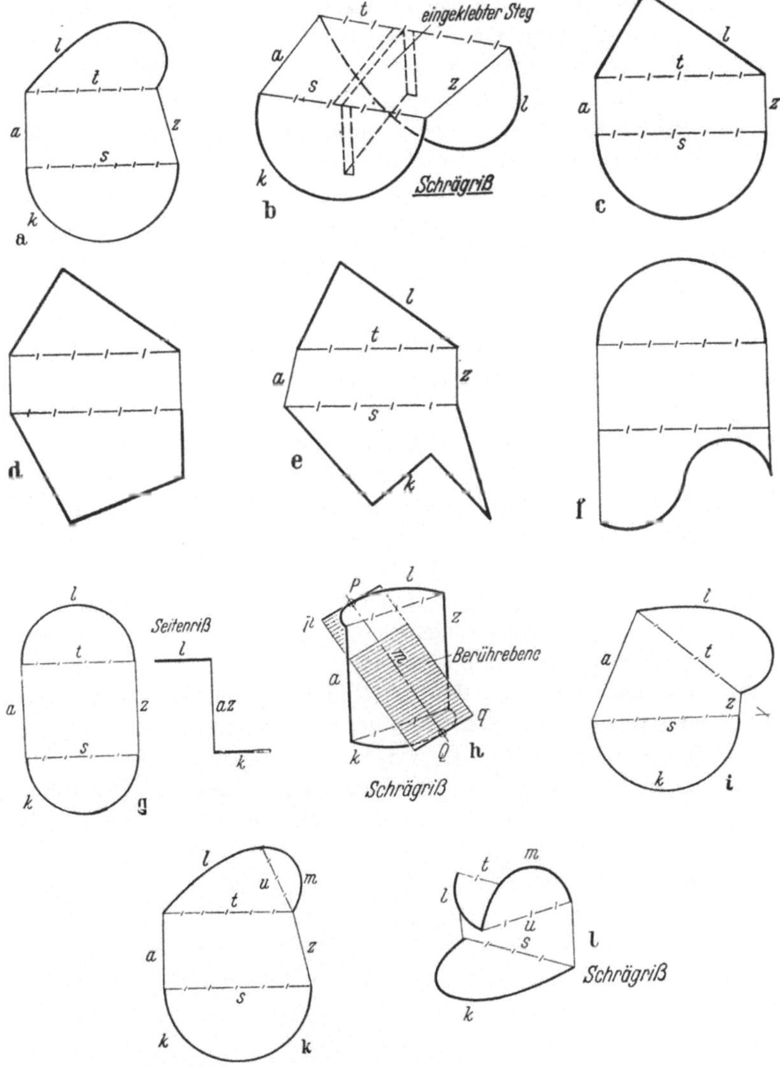

Abb. 80a bis l. *Anleitung zum Anfertigen von Kartonmodellen.* (Die Skizzen sollen nach Augenmaß vergrößert und den strichpunktierten Linien entlang rechtwinkelig geknickt werden.)

Hauptkapitel „Allgemeine gerade Übergangsflächen" nicht ohne sie gelesen werden sollte.

Die Zeichnungen zu diesen Modellen brauchen keineswegs maßstabsgetreu auf Karton übertragen zu werden, das Grundsätzliche daran zeigt sich auch ohnedies. Folgende Stücke sind an diesen Modellen charakteristisch:

1. ein Randlinienpaar k, l beliebiger Form,
2. ein gerades Randlinienpaar a, z, das nicht parallel zu sein braucht,
3. zwei Knickkanten s, t. Sie sind bei der Modellfamilie $a \cdots h$ parallel,
4. die Knickwinkel von s und t sind gleich groß, z. B. 90°, dadurch sind die Ebenen von k und l bei der Modellfamilie $a \cdots h$ parallel. Beim Modell i schneiden sich diese Ebenen. Beim Modell k ist die Randlinie l—m nicht mehr eben, sondern geknickt.

Die Winkelstellung der geknickten Flächen kann durch eingeklebte Stege versteift werden. Wo die Herstellung verzwickter Modelle auf Schwierigkeiten stößt, werden sie leicht überwunden, wenn man die Randlinien k—a—l—m—z aus einem Stück Draht biegt. Man legt die Modelle mit ihren Randlinien k, l auf einen Tisch und beobachtet das Abwälzen. Für das Verstehen des geometrischen Aufbaues allgemeiner Biegeflächen ist die Beantwortung folgender Fragen durch den Modellversuch besonders nützlich; ein Teil dieser Fragen läßt sich aber auch an Hand der Modelle Abb. 47 und 48 beantworten.

Wandert die augenblickliche Berührgerade parallel zu sich selbst? Dreht sie sich um einen Punkt? Ergibt sich die Bewegung aus einer Überlagerung von Schieben und Drehen? Wovon hängt das ab?

Ist die Modellfläche ganz oder teilweise zylindrisch, kegelig oder unbestimmt gebogen, eben, hat sie Knicke, wovon hängt das ab?

Schneiden sich die Erzeugenden in einem gemeinsamen Punkt, längs einer Linie, wovon hängt das ab?

Was geschieht, wenn eine der Randlinien geknickt ist, plötzlich endet, sich geradestreckt, eine Schleife bildet, zu einem Punkt zusammenschrumpft, wenn beide Randkurven zu einer einzigen verschmelzen?

Was geschieht, wenn die Kartonmodelle nicht in U-Form (wie Abb. 80 b), sondern in Z-Form (wie Abb. 81 h) geknickt werden?

VI. Sachverzeichnis.

721/28/54